延庆保护及入侵植物

李凤华　史常栋　陈春杰　崔少怀　吴广庆　著

中国林业出版社

图书在版编目（CIP）数据

延庆保护及入侵植物 / 李凤华等著 . -- 北京 : 中国林业出版社 , 2021.2
ISBN 978-7-5219-1030-8

Ⅰ . ①延… Ⅱ . ①李… Ⅲ . ①珍稀植物－介绍－延庆区②外来入侵植物－介绍－延庆区 Ⅳ . ① Q948.521.3

中国版本图书馆 CIP 数据核字 (2021) 第 026219 号

出版发行：中国林业出版社（北京市西城区德胜门内大街刘海胡同 7 号 100009）
邮箱：377406220@qq.com
电话：010-83143520
印刷：河北京平诚乾印刷有限公司
版次：2021 年 3 月第 1 版
印次：2021 年 3 月第 1 次
开本：787mm × 1092mm 1/16
印张：8
字数：170 千字
定价：78.00 元

《延庆保护及入侵植物》
编委会

主　任： 徐志中

副主任： 庞月龙　杨海青

著　者： 李凤华　史常栋　陈春杰　崔少怀　吴广庆

参　编： 赵双荣　刘　冬　吴　峥　闫卫霞　聂永国

郭艳霞　郤瑞兰　马志刚　闫金华　赵亚卓

刘清霞　李建亮　刘　鑫

摄　影： 李凤华　聂永国　史常栋

顾　问： 林秦文

前 言

在“绿水青山就是金山银山”发展理念的指导下，大众已逐渐树立尊重自然、顺应自然、保护自然的生态文明理念。国家对植物资源的重视程度越来越高，保护力度越来越大，尤其是对濒危植物以及观赏、药用价值高的植物更加重视。

延庆区作为北京市的远郊区，植物资源非常丰富，2015 年出版的《延庆植物图鉴》就收录了 137 科 605 属 1242 种植物。由于宣传力度不够，老百姓对这些植物并不了解，更谈不上重视和保护，这使得部分保护植物和珍稀植物受到破坏。为更好保护野生植物，结合《延庆植物图鉴》，延庆区林业调查队组织技术人员，对延庆区域内的重点保护野生植物，以及未被收录的新物种，进行了补充调查，并在此基础上编制了本书。本书收录的植物是以北京市人民政府颁布的《北京市重点保护野生植物名录》为基础，并参考了北京林业大学沐先运教授等编著的《北京重点保护野生植物》中的一些内容。

本书共收录国家级重点保护野生植物 3 种，北京市一级保护植物 4 种，北京市二级保护植物 76 种，延庆区重点关注植物 13 种，延庆区入侵植物 4 种。重点关注植物收录了睡菜、款冬、辽吉侧金盏花和平贝母等特有种，其中平贝母为2020年在延庆地区的植物新发现种。根据《北京植物志》和《北京重点保护野生植物》记载，延庆地区分布有漆树、青花椒和狗枣猕猴桃以及兰科的裂瓣角盘兰和裂唇虎舌兰，但此次调查均未发现。

本书详细介绍了分布于延庆区境域内保护植物的生物学特性和生境分布特点，并配有物种的个体、局部和生境照片，为读者鉴别保护植物提供了便利，分析了每个物种的致危原因，并提出了保护意见和保护措施。

本书还收录了延庆区境域内常见的4种入侵植物，分别是黄花刺茄、刺果瓜、意大利苍耳、少花蒺藜草，详细介绍了其形态特征并提出了防范措施。

本书的出版，将为全民普及植物保护工作、防范外来入侵物种、共建生态文明提供形象、生动的资料，为延庆区珍稀濒危植物的保护工作提供有力的技术支持，为政府相关法规、制度的设立提供科学依据，期望能够树立好北京市植物保护工作的优秀典型。

该书在编写过程中，得到了各界的关心与帮助。中国科学院植物研究所的林秦文博士协助审核并鉴定了大部分物种；延庆区植物爱好者刘大海、赵富周为调查成书给予了大力帮助，在此一并表示感谢！

本书物种依据《中国植物志》（FRPS全文电子版网站）和《北京植物志》所采用的分类系统进行科、属分类和排列。由于编制时间仓促，水平有限，书中若有不足之处，敬请读者批评指正。

著者

2021年元月

目 录

1. 延庆区概况

1.1 自然地理

1.1.1 地理位置

延庆区位于北京郊区西北方向74km处，地处北纬40°16′~40°47′，东经115°44′~116°34′。东邻怀柔区，南连昌平区，西、北两面与河北省怀来、赤城县接壤，西南是官厅水库，三面环山，一面邻水。延庆盆地位于区域西南部，城区占据盆地中心。

1.1.2 地质地貌

延庆区位于北京市西北部，处于内蒙古高原和华北平原的交接地带，川区海拔平均474~600m，山区海拔356~2241m，整个地势自东北向西南倾斜，北部群山因造山运动褶皱凸起，垂直起伏明显。山区由于近代侵蚀剧烈，形成沟壑纵横、滩涂交错的地貌特征。

1.1.3 水文

延庆区属海河流域，主要有潮白河、北运河、永定河三大水系。潮白河流域包括延庆境内的白河、黑河和菜食河，白河起源于河北沽源，经赤城流入延庆，流经香营乡、千家店镇，过怀柔进入密云水库；黑河起源于赤城东卯镇，在千家店镇境内汇入白河；菜食河起源于四海镇海子口村，经珍珠泉流入怀柔境内；大庄科、二道河属北运河水系；妫河属永定河水系。

1.1.4 气候

延庆区属于大陆性季风气候，是暖温带与中温带、半干旱与半湿润的过渡带，冬季干旱寒冷，夏季炎热多雨。受地形影响，春秋两季冷暖气流接触频繁，对流活跃，各气候要素波动很大。

延庆区2018年平均温度10℃，极端最低温度-18.7℃，极端最高温度36.9℃。山区的千家店和大庄科地区属于山间河谷盆地和谷地，气候偏暖，平均气温9℃；海坨山和四海地区气候偏冷，平均气温6.3℃；山顶局部气温较低，平均气温为3℃。平均无霜期180~200d。降雨量少且集中在6、7、8月，历年平均降水量为441.8mm，且分布不均。2018年延庆降水总量460.5mm，日最大降水量37.0mm，0.1mm以上降水天数63日历天，10mm以上降水天数16日历天。就延庆整体来看，山区降水量高于平原。

延庆区由于受河北坝上及内蒙古高原气流影响，风力较大。历年平均风速为5.1m/s。2018年平均风速1.8m/s，极大风速19.4m/s。

1.1.5 土壤

延庆区土壤处于暖温带半湿润地区的褐土地带，由于地形的差异和地下水位的影响，土壤类型垂直分布从高到低是山地草甸土、山地棕壤、褐土、潮土及水稻土。

延庆区土壤共分五大类，分布如下：

山地草甸土：分布在海拔 1800m 以上的海坨山周围；

棕壤土：分布在海拔 800~1800m 的中山山地；

褐土：分布在海拔 800m 以下至山前倾斜平原；

潮土：分布在妫河、黑河、白河两岸及洪积扇边缘地带；

水稻土：分布在川区低洼地带，如张山营 110 国道以南等地。

1.2 森林植被概况

1.2.1 森林资源

延庆区自然环境多样，森林类型丰富。延庆原始植被类型为暖温带落叶阔叶林和温带针叶林，由于早期人为破坏，现已不多见。

延庆区主要森林类型有乔木型、灌丛型和亚高山草甸。乔木型有白桦林、华北落叶松林、侧柏林、油松林、栎树林、黑桦林、山杨林、椴树林和人工林，人工林又分为山地侧柏林和平原杨柳林。

灌丛主要有金露梅－银露梅灌丛、三裂绣线菊－土庄绣线菊灌丛、山桃－山杏灌丛、榛子灌丛、牛叠肚灌丛、荆条灌丛、大花溲疏灌丛和荻草丛。

亚高山草甸仅分布于延庆海坨山，海拔在 1800m 以上。主要的代表植物种类有胭脂花、岩青兰、翠雀、叉分蓼、拳参、黑柴胡等。延庆区境内的兰科植物大都分布于此。

1.2.2 湿地资源

延庆区湿地资源比较丰富，主要湿地群落类型有：水生植物群落、沼泽植被群落、河流湿地植被群落。水生植物群落有北京水毛茛群落、狸藻群落、眼子菜群落、槐叶萍群落、荇菜群落。沼泽植被群落有香蒲群落、芦苇群落、茭白群落。河流湿地植被群落有水芹群落、睡菜群落、盒子草群落等。

2. 延庆区重点保护野生植物概况

2.1 国家级重点保护野生植物

根据《北京重点保护野生植物》记载和实地调查，在延庆区境域内分布有国家级重点保护野生植物 3 种，分别是野大豆、黄檗、紫椴，均已被发现和确认。本单位之前撰写的《延庆植物图鉴》亦有详细记载。

根据《北京植物志》和《延庆植物图鉴》记载，野大豆多分布在水分条件优越的河岸、溪边、水分条件较好的山坡和沼泽等地，在延庆分布较为广泛。黄檗主要分布在海拔 1000m 以下的中山地带杂木林中，在延庆地区见于永宁镇四司村。紫椴喜光也稍耐阴，喜温凉、湿润气候，对土壤要求比较严格，常生于杂木林中，垂直分布在海拔 800m 以下，在延庆地区见于玉渡山自然保护区和西三岔村。

2.2 北京市一级保护植物

根据《北京重点保护野生植物》记载和实地调查，延庆区分布有北京市一级保护植物 4 种，分别是北京水毛茛、大花杓兰、杓兰（山西杓兰）和紫点杓兰。据《北京植物志》记载，延庆地区有杓兰分布，但经过实地走访调查和相关专业鉴定，延庆地区分布的杓兰实为山西杓兰。

北京水毛茛在延庆主要分布在玉渡山自然保护区和松山自然保护区的水域内以及一些水质比较好的山谷溪流中。北京水毛茛对水源、水质要求极高，近年来由于环境变化和森林遭受破坏，山区水源形势越来越严峻，且游人逐渐增加，更有甚者提着水桶灌泉水或从水沟中捕鱼捞虾，这些对北京水毛茛的生长繁衍造成了很大的影响。

大花杓兰、山西杓兰和紫点杓兰等兰科植物主要分布在玉渡山和松山自然保护区，较为稀少和罕见。延庆区近年来由于旅游开发和人类活动的增多，兰科植物受到人为干扰的潜在风险也日益增多，对延庆区兰科植物的保护需要引起重视。

2.3 北京市二级保护植物

经野外调查，延庆区分布有北京市二级保护植物 76 种，兰科植物最多，有 19 种。根据《北京植物志》和《北京重点保护野生植物》记载，延庆地区分布有漆树、青花椒和狗枣猕猴桃以及兰科的裂瓣角盘兰和裂唇虎舌兰，但此次调查均未发现。

2.4 兰科植物在延庆区的分布情况及致危保护分析

野生兰科植物，通称野生兰花，多为多年生草本植物，是人们所喜爱的植物。兰科植物根肉质肥大，无根毛，有共生菌。具有假鳞茎，俗称芦头，外包有叶鞘，常多个假鳞茎连在一起，成排同时存在。叶线形或剑形，革质，直立或下垂，花单生或成总状花序，花梗上着生多数苞片。花两性，具芳香。花冠由 3 枚萼片与 3 枚花瓣及蕊柱组成。萼片中间 1 枚称主瓣。下 2 枚为副瓣，副瓣伸展情况称户。上 2 枚花瓣直立，肉质较厚，先端向内卷曲，俗称捧。下面 1 枚为唇瓣，较大，俗称兰荪。成熟后为褐色，种子细小呈粉末状。兰科植物喜阴，忌阳光直射，喜湿润，忌干燥，喜肥沃、富含大量腐殖质、排水良好、微酸性的砂质壤土，宜空气流通的环境。兰花确也以其异常的丰富性以及花朵的独特变异方式，使得植物学家也叹为观止。

延庆区地处北京西北山区，地势较高，平均海拔 500m 以上，植物多样性丰富。《北京植物志》记载的兰科植物统计有 19 属 27 种。延庆区发现的兰科植物 16 属 22 种，其中杓兰属 4 种，山西杓兰为新发现物种，《北京植物志》此前未记录。

北京的大多数兰花种类的花朵很小，真正花大的种类仅有杓兰属 4 种植物，花朵直径可在 1cm 以上。其他种类，花朵一般较小，大多在 1cm 以下，虽然花小，却也不失美丽，如花序呈螺旋曲线的绶草、叶片具紫色斑点的二叶兜被兰、块根如手掌的手参。还有一些种类，如珊瑚兰、堪察加鸟巢兰、尖唇鸟巢兰、珊瑚兰及裂唇虎舌兰均为腐生兰，植株不具叶绿素，这在植物界中也是很特殊的。

生境和地理分布上，延庆区绝大多数种类的兰科植物均生长在中高海拔未被破坏过的高山草甸和森林下的草地或林缘湿地上。尤其是海坨山、松山和玉渡山一带。在低海拔山地上仅发现二叶兜被兰及绶草有分布。值得一提的是，绶草不仅分布于山地，也见于湿地，而且在平原湿地上生长得更好，延庆区的野鸭湖湿地上就有大量的绶草种群生长。

濒危程度上，延庆区的野生兰花多数种类均很稀有。最常见的种类是绶草，分布范围较广，种群数量也较大。其次，角盘兰、二叶舌唇兰及沼兰 3 种也较常见，数量较多。除此几种，剩下的绝大多数种类均很稀有，大都仅知道一至数个分布地点，个体数量也很少，许多种类甚至已经多年未再发现过，如十字兰、蜻蜓兰及堪察加鸟巢兰等。

北京尤其延庆区的野生兰花亟待保护。目前，北京的野生兰花中，杓兰属 3 种（山西杓兰为延庆区新发现种，目前暂未列入）列为北京市一级保护植物，其余种类均为北京市二级保护植物（包括有记载但此次调查未发现的种类）。这是因为兰花对生境的改变非常敏感，一旦其赖以生存的森林或草甸环境被破坏，就将无法存活。因此，从某种意义上说，兰花的生存状况可以用来衡量一个地区生态环境的健康状况。大多数兰花由于形态高度特化，常常需要特殊的生境（如共生菌根、湿地、温度等条件）及特殊的访花昆虫（常常由于协同进化而具有专一性）等等条件才能够正常生存繁衍。这使得兰花的人工繁殖培育比较困难，很难成功。因此，保护兰科植物应该以保护其生境为主。

3. 延庆区保护植物

3.1 国家级重点保护野生植物

野大豆 *Glycine soja* Sieb. et Zucc. 豆科 Fabaceae 大豆属

形态概要 一年生草本。茎缠绕、细弱，匍匐或直立。疏生黄褐色长硬毛。羽状复叶，具3小叶。总状花序腋生；花蝶形，淡紫红色。荚果狭长圆形或镰刀形，两侧稍扁，密被黄色长硬毛；种子长圆形稍扁，褐色、黑褐色、黄色、绿色或呈黄黑双色。花期6~8月；果期7~9月。

生境与分布 较为常见，生于潮湿的河岸、草地、灌丛及沼泽地附近。延庆区各乡镇均有分布。茎叶可作牲畜饲料，根、茎、叶、荚果和种子入药，有强壮利尿、平肝敛汗的功效。

致危分析 野大豆多缠绕于挺水植物（芦苇、香蒲）或小灌木上，易遭受砍伐、放牧等人为干扰。

保护措施 应保护其生境，维护水源安全，同时加强宣传教育和管理工作。重点关注对野大豆生物学特性的研究，力求为人类提供更优质的品种。

黄檗 *Phellodendron amurense* Rupr. 芸香科 Rutaceae 黄檗属

形态概要 落叶乔木。树皮厚，外皮灰褐色，木栓发达，内皮鲜黄色。小枝橙黄色或黄褐色，有小皮孔。奇数羽状复叶，互生。雌雄异株；圆锥状聚伞花序，花轴及花枝幼时被毛；花小，黄绿色。浆果状核果呈球形，密集成团，熟后紫黑色。花期 5~7 月；果期 7~10 月。

生境与分布 生于海拔 500~1000m 的山地杂林中。延庆地区见于永宁镇、旧县镇、千家店镇、松山自然保护区。

致危分析 黄檗是良好的蜜源植物，其树皮具有重要的价值和药用价值。在科研上具有重要价值。由于长期乱砍滥伐，目前数量已很少。其生境遭受一定程度的破坏，对种群更新具有较大影响。

保护措施 就地保护，加大宣传教育和管理力度。同时，要进行黄檗的生物特性研究，重点加强生殖、组培等研究工作，努力提高种群数量。

紫椴 *Tilia amurensis* Rupr. 锦葵科 Malvaceae 椴属

形态概要 落叶乔木，高可达 15m。树皮暗灰色，纵裂，成片状剥落。小枝黄褐色或红褐色。呈“之”字形，皮孔微凹起，明显。叶阔卵形或近圆形，生于萌枝上者更大，基部心形，先端尾状尖，边缘具整齐的粗尖锯齿，齿先端向内弯曲，偶具 1~3 裂片，叶面暗绿色，无毛，叶背淡绿色，仅脉腋处簇生褐色毛；叶具柄，无毛。聚伞花序长 4~8cm，花序分枝无毛，苞片倒披针形或匙形，无毛具短柄；萼片 5，两面被疏短毛，里面较密；花瓣 5，黄白色，无毛。果实：果球形或椭圆形，被褐色短毛，具 1~3 粒种子。种子褐色，倒卵形。花期 6~7 月；果熟 8 月。

生境与分布 生于杂木林中，垂直分布在海拔 800m 以下，为中国原产树种。喜光也稍耐阴，喜温凉、湿润气候，对土壤要求比较严格，不耐水湿和沼泽地。延庆地区见于玉渡山自然保护区和东部各乡镇。

致危分析 紫椴材质比较好，是重要的用材树种；其花蜜质量高，也是很好的蜜源植物；它还具有较大的药用价值和观赏价值，易受人为干扰和破坏。幼苗更新能力极低，也加快了物种数量的降低速度。

保护措施 就地保护，加强宣传和管理力度。同时，要进行紫椴的生物特性研究，重点加强生殖、组培等研究工作。努力提高种群数量，做到保护和利用双赢。

3.2 北京市一级保护植物

北京水毛茛 *Batrachium pekinense* L. Liou. 毛茛科 Ranunculaceae 水毛茛属

形态概要 多年生沉水草本。茎长约 30cm，分枝。叶楔形或宽楔形，叶二型，沉水叶裂片丝形，上部浮水叶二至三回 3~5 中裂至深裂；裂片较宽，无毛。萼片 5，近椭圆形，有白色膜质边缘，脱落。花瓣 5，白色，宽倒卵形。花期 5~8 月。

生境与分布 生长于水质清澈、干净的小溪，山区内未被污染的河流等处，通常丛生，成片分布。数量较大。延庆地区见于玉渡山自然保护区和松山自然保护区。

致危分析 北京水毛茛对水源、水质要求极高。近年来由于环境变化和森林遭受破坏，个别山区水源形势越来越严峻，且游人数量持续增加，更有甚者提着水桶灌泉水或在水沟中捕鱼捞虾，这些都对北京水毛茛的生长繁衍造成了很大的影响。

保护措施 就地保护，加强对生境的监控，确保水量、水质达到其生长要求。加大宣传教育和管理，在易受人为干扰的地带设立醒目标牌。此外，还应该对其生长、繁殖和遗传力等生物学特性进行研究，为物种保护提供理论基础。

大花杓兰 *Cypripedium macranthos* Sw. 兰科 Orchidaceae 杓兰属

形态概要 《中国植物志》未收录。多年生草本，高 25~50cm，具粗短的根状茎。茎直立，稍被短柔毛或变无毛，基部具数枚鞘，鞘上方具 3~4 枚叶。叶片椭圆形。花序顶生，具 1 花，极罕 2 花；花苞片叶状，通常椭圆形；花大，紫色、红色或粉红色，通常有暗色脉纹；花瓣披针形；唇瓣深囊状，近球形或椭圆形，囊底有毛。蒴果狭椭圆形，无毛。花期 6~7 月；果期 8~9 月。

生境与分布 延庆地区见于张山营镇、千家店镇。生长于海拔 1500m 以上的林下、林缘或草甸地带或草坡上腐殖质丰富和排水良好之地，数量较少。

致危分析 具有重要的观赏价值和药用价值。目前北京地区大花杓兰遭受的主要威胁来自采折盗挖和生境的破坏以及分布区的破碎，导致种群繁衍困难。

保护措施 以就地保护为主，加强对其生境及其潜在分布区的保护。管理部门要大力进行宣传教育工作，让游客文明旅游。对于部分受人为干扰严重的居群，应进行迁地保护。还应加紧对其繁殖、种子扩散、萌发等机理的研究，提高种群数量。

杓兰 *Cypripedium calceolus* L. 兰科 Orchidaceae 杓兰属

形态概要 多年生陆生草本。株高20~40cm，具较粗壮的根状茎。茎直立，被腺毛，基部具数枚鞘，近中部以上具3~4枚叶。叶片椭圆形或卵状椭圆形，互生，先端急尖或短渐尖，叶缘具细缘毛。花单生或2朵顶生，除唇瓣黄绿色外，其余均为紫红色。花瓣线形或线状披针形，唇瓣较花萼短，黄绿色，脉纹棕色。花期6~7月；果期7~8月。

生境与分布 一般生长在海拔500~1000m的林下、林缘、灌木丛中或林间草地上。根据《北京植物志》记载北京地区有分布，经鉴定实为山西杓兰。目前，北京地区未发现有杓兰种分布，书中杓兰照片拍摄于东北。

山西杓兰 *Cypripedium shanxiense* S. C. Chen. 兰科 Orchidaceae 杓兰属

形态概要 植株高4.0~55cm，具稍粗壮而匍匐的根状茎。茎直立，被短柔毛和腺毛，基部具数枚鞘，鞘上方具3~4枚叶。叶片椭圆形至卵状披针形，边缘有缘毛。花序顶生，通常具2花，较少1花或3花；花苞片叶状；花褐色至紫褐色，具深色脉纹；唇瓣深囊状，近球形至椭圆形，囊底有毛。蒴果近梭形或狭椭圆形。花期5~7月；果期7~8月。

生境与分布 生于海拔1000~2200m的林下或草坡上。延庆地区见于海坨山、玉渡山，为北京植物新发现物种。

保护措施 应就地保护，尤其保护其生境。加强宣传，禁止大规模人为活动，采取设置围栏防护等措施。

紫点杓兰 *Cypripedium guttatum* Sw. 兰科 Orchidaceae 杓兰属

形态概要 多年生陆生草本植物。植株高 10~25cm，根状茎横走，纤细。茎直立。茎基部着生两片叶，对生或互生，椭圆形或卵椭圆形。茎顶有苞叶一枚。花单生，白色而带紫色斑点，唇瓣囊状。蒴果近狭椭圆形，下垂，长约 2.5cm。花期 6~7 月；果期 7~8 月。

生境与分布 多分布在海拔 1500m 以上的高山林下、草丛或草甸地带，常丛生。伴生草本植物有藁本、拳参、金莲花、胭脂花等。在延庆地区见于海坨山阴坡树林下，数量较小。

致危分析 植株小，但花形优美，颜色艳丽，具观赏价值；其根茎具有药用价值，历来受到极大关注，屡遭采挖。在延庆地区随着旅游热度的提升，游客对其的潜在威胁也不断增加。

保护措施 应以就地保护为主，加强其生境的保护。管理部门要大力进行宣传教育工作，让游客文明旅游。对于部分受人为干扰严重的居群，应进行迁地保护。另外需加强对其繁殖、种子扩散、萌发等机理的研究，提高种群数量。

3.3 北京市二级保护植物

小叶中国蕨 *Aleuritopteris albofusca* Pic. 凤尾蕨科 Pteridaceae 粉背蕨属

形态概要 植株高7~16cm。根状茎短而直立，被栗黑色而有棕色狭边的披针形鳞片。叶簇生；叶柄光滑细长，栗黑色或栗红色，有光泽，基部疏被狭卵状披针形鳞片向上先滑；叶片五角形，二回羽状深裂，叶背被白色蜡质粉末。孢子囊群生小脉顶端，囊群盖膜质，淡棕色至褐棕色，连续，通常较阔，幼时几达主脉，边缘具不整齐的浅波状圆齿。

生境与分布 生于林下及灌丛稍阴湿的石灰岩石缝中，海拔500~3200m。据《北京重点保护野生植物》记载，延庆区千家店镇有零星分布，此次调查没有发现。

致危分析 本种为北京地区稀有植物，由于生境的破坏，其分布区域逐渐缩小，种群繁衍存在较大困难。

球子蕨 *Onoclea sensibilis* L. 球子蕨科 Onocleaceae 球子蕨属

形态概要 多年生草本。植株高 30~70cm。根状茎长而横走，黑褐色，疏被鳞片；叶疏生，二型，不育叶柄长 20~50cm，圆柱形，粗 2~3mm，上面有浅纵沟，疏被棕色鳞片，能育叶低于不育叶，叶柄长 18~45cm，较不育叶柄粗壮，孢子囊群圆形，着生于由小脉先端形成的囊托上，囊群盖膜质，紧包着孢子囊群。

生境与分布 生于水湿条件较好的乔木林下或潮湿灌木丛中。延庆地区见于大庄科乡，数量极少。

致危分析 球子蕨本种可作观赏蕨类栽培，栽植比较容易。球子蕨在园林中常作假山石的配景，或作室内观叶植物。也可配置于建筑物的背阴角隅处。球子蕨对生长环境要求较高，部分地区的环境被破坏，数量越来越少。

保护措施 就地保护，尤其加强对其生境的保护；开展引种繁育的科学研究，提高人工种植量，加强其对环境的适应能力。

白扦 *Picea meyeri* Rehd. et Wils. 松科 Pinaceae 云杉属

形态概要 常绿乔木。树皮灰褐色。小枝淡黄色或黄褐色，有毛。1年生小枝基部宿存的芽鳞和冬芽芽鳞反卷。叶锥形，长1.3~3cm，先端钝尖，横切面菱形，四面有气孔线。雌雄同株。雄球花单生叶腋，下垂。雌球花单生枝顶，紫红色，下垂；珠鳞腹面有2胚珠，背面有极小的苞鳞。种子球果长圆柱形，长6~9cm，直径1~1.3cm；种鳞倒卵形，先端圆或钝三角形，露出部分有纵纹；种子有翅。花期4~5月；球果9~10月成熟。

生境与分布 常生于山坡云杉林中或阴坡。延庆区未发现野生种，只有栽培种，分布在张山营。

致危分析 白杆木材可供建筑和制作电杆、家具等用。其树形端正，四季常绿，可以作观赏树种。由于数量少，种群难以扩大。

保护措施 加强对人工栽培种生存环境的保护。

青扦 *Picea wilsonii* Mast. 松科 Pinaceae 云杉属

形态概要 常绿乔木。树皮灰色或灰褐色，成不规则块片脱落。1 年生小枝淡黄色或淡黄绿色，无毛，基部宿存的牙鳞和冬芽牙鳞不反卷。叶锥形，先端尖，横切面方菱形或扁菱形，四面有气孔线，略有白粉。球果卵状圆柱形或卵球形，熟前绿色，熟后淡黄色。种子有翅。花期 4~5 月；果期 9~10 月。

生境与分布 分布于延庆镇，多为栽培，野生分布于张山营镇，本次调查发现数量 1 株。常生于海拔 1500m 以上的针阔混交林地带，土壤水分条件较好的地带。

致危分析 青扦具有重要的生态价值和观赏价值，由于近年来游人越来越多，对该物种的繁衍构成威胁。

保护措施 就地保护，加强对其生存环境的保护。做好宣传教育工作，降低人为破坏。

华北落叶松 *Larix gmelinii* var. *principis-rupprechtii* (Mayr) Pilger. 松科 Pinaceae 落叶松属

形态概要 落叶乔木。株高 30m，胸径 1m。树冠卵状圆锥形。树皮暗灰褐色，不规则片状开裂。1 年生枝径 1.5~2.5mm，淡褐色至淡褐黄色，幼时微有毛，后渐脱落；冬芽近球形。叶条形，扁平，柔软，长 2~3cm，宽 1mm。在长枝上螺旋状互生，在短枝上簇生。雌雄球花均单生于短枝顶端。球果卵圆形，较小，长 2~4cm，径约 2cm；熟时淡褐色，有光泽，种鳞 26~45 枚，中部种鳞五角状。种子长 3~4mm，连翅长 1~1.2cm。花期 4~5 月；球果成熟期 9~10 月。

生境与分布 分布于四海镇、珍珠泉乡、香营乡、千家店镇、张山营镇，以栽培为主。中国特有种，在海拔 800m 以上生长良好。

致危分析 木材坚重，可作枕木、桥梁、船舰和农具等用材；树干可取松脂，树皮可提取单宁。华北落叶松的生境易遭受人为破坏，和周围的物种在营养汲取和生长上有激烈竞争，所以物种难以扩大。

保护措施 加强对其生存环境的保护。严禁乱砍滥伐现象。做好宣传教育工作，降低人为破坏。

杜松 *Juniperus rigida* Sieb. et Zucc. 柏科 Cupressaceae 刺柏属

形态概要 灌木或小乔木，高达10m；枝条直展，形成塔形或圆柱形的树冠，枝皮褐灰色，纵裂；小枝下垂，幼枝三棱形，无毛。叶3叶轮生，条状刺形，质厚，坚硬。雄球花椭圆状或近球状。球果圆球形，成熟前紫褐色，熟时淡褐黑色或蓝黑色，常被白粉；种子近卵圆形，顶端尖，有4条不显著的棱角。

生境与分布 生于高山针阔混交林地带，数量极少。据《北京重点保护野生植物》介绍，延庆地区有零星分布，但在此次调查中并没有发现野生种，仅在张山营镇分布少量人工栽培种。

木贼麻黄 *Ephedra equisetina* Bunge. 麻黄科 Ephedraceae 麻黄属

形态概要 直立小灌木，高达1m，木质茎粗长，直立，稀部分匍匐状；小枝细，常被白粉呈蓝绿色或灰绿色。叶2裂，褐色。雄球花单生或3~4个集生于节上，无梗或开花时有短梗，卵圆形或窄卵圆形，假花被近圆形，雄蕊6~8，花丝全部合生；雌球花常2个对生于节上。雌球花成熟时肉质红色，长卵圆形或卵圆形，具短梗；种子通常1粒。花期6~7月；种子8~9月成熟。

生境与分布 生于干旱地区的山脊、山顶及岩壁等处。延庆地区见于张山营镇，数量很少。

致危分析 木贼麻黄全株入药，有发汗、平喘、利尿等功能，是著名药用植物。植株具有良好的耐旱性，也可作为干旱地绿化的观赏植物。数量较少，一旦被破坏，很难恢复。

保护措施 就地保护，加强宣传和保护力度，严禁随意采挖。开展生物学研究，解决物种保护和合理利用之间的矛盾。

草麻黄 *Ephedra sinica* Stapf. 麻黄科 Ephedraceae 麻黄属

形态概要 草本状矮小灌木。木质茎短或呈匍匐状。由木质根茎上生出枝条，小枝直伸或微曲，小枝绿色，对生或轮生。雄球花有多数雄花，淡黄色，每花有雄蕊 7~8；雌球花单生于枝顶，绿色，有苞片 4 对，雌花 2。雌球花成熟时苞片肉质，红色，长卵圆形或近球形；种子 2 粒。花期 5~6 月；果期 8~9 月。

生境与分布 生于山坡草地、干旱荒地及沟谷、河床等处。延庆地区见于张山营镇、八达岭镇等，数量较多。

致危分析 全株入药，有发汗、平喘、利尿等功效。由于近年来人为活动越来越频繁，草麻黄受到的威胁日益严重。

保护措施 就地保护，加强宣传，提高人们的保护意识。

单子麻黄 *Ephedra monosperma* Gmel. ex Mey. 麻黄科 Ephedraceae 麻黄属

形态概要 草本状矮小灌木。木质茎有节瘤状突起。小枝绿色。叶二裂，裂片三角形，先端钝或尖，与叶鞘近等长。雄球花单生枝顶或对生于节上，多成覆穗状花序。雌球花单生于或对生于节上。雌球花成熟时肉质红色，卵球状或长圆球形，含 1 粒种子。花期 5~6 月；果期 7~8 月。

生境与分布 生于山坡石缝中，生境恶劣，数量很少。延庆地区见于张山营镇，数量极少。

致危分析 单子麻黄含生物碱，可药用，具有发汗解表、止咳平喘、解表利水多种功效。数量较少，受人为干扰影响大。

就地保护 加强宣传和保护力度，严禁随意采挖。开展生物学研究和物种种植实验，解决物种保护和合理利用之间的矛盾。

胡桃楸 *Juglans mandshurica* Maxim. 胡桃科 Juglandaceae 胡桃属

形态概要 落叶乔木，树皮灰色。叶互生，奇数羽状复叶，叶顶小叶大，椭圆状披针形，侧生小叶长椭圆形，叶缘有细齿，叶脉、叶背密被星状毛。花单性，雌雄同株。雄柔荑序生叶腋，长而下垂；雌花序穗状，直立。花后果序下垂，常有5~7个果。果球形，顶端稍尖。核果卵形，顶长尖，外表具棱状皱纹。花期5月；果期8~9月。

生境与分布 生于山坡和沟谷林中，常见，资源量大。延庆山区及半山区均有分布。

致危分析 胡桃楸果仁可榨油食用，是很好的硬木材料。树皮和果皮可提取单宁，内果皮可制活性炭。胡桃楸具有重要的生态价值，对山区多种动物的生存具有重要意义，虽然在延庆种群分布较多，但也要提高警惕，做好保护工作。

保护措施 本种分布广泛，适应性强，做好宣传和保护工作。

脱皮榆 *Ulmus lamellosa* Wang et S. L. Chang ex L. K. Fu. 榆科 Ulmaceae 榆属

形态概要 落叶乔木。树皮灰褐色或灰白色，成不规则的鳞片脱落。幼枝光滑且呈紫褐色。叶小、质厚而硬，椭圆形，边缘有单锯齿，叶面光滑而有光泽。花同幼枝一起自混合芽抽出，散生于新枝的下部。翅果卵形，先端凹陷，较小，果核位于果翅中间。花期 4 月；果期 5 月。

生境与分布 生于海拔 1200m 以上沟谷、山坡杂木林中。延庆地区见于千家店镇、张山营镇、松山自然保护区。

致危分析 榆属物种历来是优良的用材树种，在工业生产上具有重要用途，脱皮榆也是如此，主要用于园林绿化。由于种群数量少，且分散分布，群落更新能力很低。近些年出现非法移植、盗伐现象，影响物种自我更新能力。

保护措施 实施就地保护，加强宣传教育和管理工作，严防盗伐、滥伐。发展种子播种繁殖，为种群增加和合理开发利用提供依据。

华忽布 *Humulus lupulus* var. *cordifolius* (Miq.) Maxim. 桑科 Moraceae 葎草属

形态概要《中国植物志》没有记载,《北京植物志》记载为啤酒花*Humulus lupulus* L.的变种。多年生缠绕藤本，长达数米。茎、叶和叶柄密生细毛，具稀疏的倒刺。叶对生，卵形。单性，雌雄异株。雄花序圆锥状，雌花序卵球形，苞片膜质卵形，结果时增大。花期 7~8 月；果期 9~10 月。

生境与分布 生于山坡林缘等地。延庆地区见于永宁镇、千家店镇、张山营镇，零星分布，资源量极少。

致危分析 华忽布是一种攀缘植物，早期用于酿酒和作神经性镇静的草药，通常用于健胃、镇静、抗结核。延庆区境域内分布极少，且分布零散，造成种群繁衍困难。

保护措施 以就地保护为主，加强伴生物种的保护。加大宣传、管理工作，同时开展生态学研究，为人工培育奠定基础。

草芍药 *Paeonia obovata* Maxim. 芍药科 Paeoniaceae 芍药属

形态概要 多年生草本。根粗壮、长圆柱形。茎无毛，基部有鳞片。下部茎生叶为二回三出复叶，上部茎生三出复叶或单叶。花单生；萼片宽卵形，浅绿色；花瓣白色、红色、紫红色。蓇葖果卵圆形，成熟时果皮反卷成红色。花期 5~6 月；果熟期 9 月。

生境与分布 生于山坡草地、林缘或杂木林下。延庆地区见于千家店镇、珍珠泉乡、张山营镇，数量较多。

致危分析 根入药，有养血调经、凉血止痛之效。草芍药花形美，可用于园林绿化，观赏效果佳。易遭到游客及村民的采摘。

保护措施 就地保护，加强对其生境的保护，禁止随意采摘。进行组培、生态学研究，为物种保护和合理开发利用提供科学依据。

长毛银莲花 *Anemone narcissiflora* subsp. *crinita* (Juzepczuk) Kitagawa.

毛茛科 Ranunculaceae 银莲花属

形态概要 多年生草本。基生叶多枚，密被开展的白色长柔毛。叶片近圆形或圆五角形，掌状3全裂，裂片再二至三回羽状细裂。花莛被长柔毛。总苞苞片掌状深裂，无柄，裂片2~3深裂或中裂，小裂片线状披针形，两面被长柔毛。萼片5，白色。瘦果，宽倒椭圆形或近圆形。花期：5~6月。果期7~9月。

生境与分布 生于高海拔山地，零星分布，数量极少。延庆地区见于张山营镇。

致危分析 长毛银莲花具有抗肿瘤、抗炎、镇痛、抗惊厥等多种生理活性；又具有较高观赏性，如其花冠具有多样化的特征，且适应性好，易引种，是优良的观赏植物。由于生境恶劣，个体稀少，分布零散，对自身传粉、结实构成较大影响。此外，高海拔地区的游客逐年增多，对其生长、繁殖构成潜在威胁。

保护措施 就地保护，加强对其生境的保护，加大对花期的巡查力度。进行组培、生殖生态学研究，开展引种驯化工作，扩大种群数量。

灌木铁线莲 *Clematis fruticosa* Turcz 毛茛科 Ranunculaceae 铁线莲属

形态概要 直立小灌木。单叶，对生，具短柄。叶片薄革质，狭三角形或披针形，边缘疏生牙齿，下部常羽状深裂或全裂，叶面无毛，叶背被微柔毛。花单生或腋生成聚伞形。萼片4，斜上展呈钟状，黄绿色，狭卵形，顶端尖，边缘密生绒毛。雄蕊多数，无毛。瘦果扁，近卵形，密生柔毛。花期7~8月；果期10月。

生境与分布 生于山坡灌丛或干旱坡地路边。延庆地区见于刘斌堡乡，数量稀少。

致危分析 此种在延庆区境域内数量少，分布零散，种群更新能力差。

保护措施 就地保护，加强宣传力度，提高人们保护的意识。开展引种等措施，扩大种群数量。

小丛红景天 *Rhodiola dumulosa* (Franch.) S. H. Fu 景天科 Crassulaceae 红景天属

形态概要 多年生草本。常成亚灌木状。主干木质，基部被残枝。枝簇生。叶互生，密集线形，先端尖或稍钝，绿色，全缘。花序顶生，聚伞状。花瓣 5，淡红色或白色，披针状长圆形。蓇葖果。种子长圆形，具狭翅。花期 6~8 月；果期 6~8 月。

生境与分布 生于海拔 1600~2000m 高山山坡及高山梁的石隙中。延庆地区见于张山营镇。

致危分析 根茎可入药，有补肾、养心、安神、调经活血、明目的效用，是藏族人民常用的药材。在延庆乃至北京地区分布极少，随着高山旅游业的兴起，游人践踏、采摘现象时有发生。

保护措施 就地保护，加强对其生境的保护，防止践踏和采挖，还应保护其潜在分布区。

狭叶红景天 *Rhodiola kirilowii* (Regel) Maxim. 景天科 Crassulaceae 红景天属

形态概要 多年生草本。根颈肥厚，褐色，块茎而多分枝，顶端有鳞片。花茎少数，密生叶。叶互生，线形至线状披针形，先端急尖，边缘有疏锯齿，或有时全缘，无柄。花序伞房状，有多花；雌雄异株；花瓣绿黄色，倒披针形。蓇葖果，披针形；种子长圆状披针形。花期 6~8 月；果期 7~8 月。

生境与分布 生于海拔 2000m 以上山地石缝及草地上。延庆地区见于张山营镇。

致危分析 根茎及根可入药，能止血化瘀，是藏族人民的常用药物。在延庆地区分布极少，随着高山旅游业的兴起，游人践踏、采摘现象时有发生。

保护措施 就地保护，加强对其生境的保护，防止游人践踏和采挖，还应保护其潜在分布区。

齿叶白鹃梅 *Exochorda serratifolia* S. Moore. 蔷薇科 Rosaceae 白鹃梅属

形态概要 落叶灌木。小枝圆柱形，无毛，幼时红紫色，老时暗褐色。叶片椭圆形或长圆倒卵形，中部以上有锐锯齿，下部全缘。总状花序，具4~7朵花，花瓣长圆形至倒卵形，先端微凹，基部有长爪，花白色。蒴果倒圆锥形，具5脊棱，无毛。花期5~6月；果期7~8月。

生境与分布 生于杂木林中、林缘或山坡灌丛，多成丛分布。延庆地区见于千家店镇、珍珠泉乡，资源量较少。

致危分析 易遭当地村民砍柴而被破坏，放牧也会对种群的正常生长造成较大干扰。

保护措施 就地保护，加大宣传教育管理工作，提高群众保护意识。

水榆花楸 *Sorbus alnifolia* (Sieb. et Zucc.) K. Koch. 蔷薇科 Rosaceae 花楸属

形态概要 乔木。小枝圆柱形，具灰白色皮孔，2 年生枝暗红褐色，老枝暗灰褐色。叶片卵形至椭圆卵形，叶缘有锯齿或浅裂片。复伞房花序较疏松，花瓣卵形或近圆形，白色。果实椭圆形或卵形，红色或黄色，不具斑点或具极少数细小斑点，果实上无宿存的萼片；花柱 2，基部合生。花期 5 月；果期 8~9 月。

生境与分布 生于山地、山沟杂木林或灌丛，海拔 500~2300m。延庆地区见于张山营镇、大庄科乡，资源量较少。

致危分析 水榆花楸的果实、种子、茎和皮都可入药，具有镇咳祛痰，健脾利水的功效；树冠圆锥形，秋季叶片转变成猩红色，为美丽观赏树，可作公园及庭院的观赏树种；也是重要的用材树种，具有重要的经济价值。由于经济价值较高，易遭人为砍伐。自我更新能力较差。

保护措施 就地保护，开展繁育生态学研究，利用种子播种及枝条扦插等繁育方式进行试验研究。防止盗伐滥伐，加强管理和保护工作。

甘草 *Glycyrrhiza uralensis* Fisch. 豆科 Fabaceae 甘草属

形态概要 多年生草本。有粗壮的根和根茎，有甜味。茎直立，基部木质化。全株有白色短毛和鳞片状、点状及刺毛状的腺体。奇数羽状复叶。密集的总状花序腋生。花冠蓝紫色或紫红色。荚果，条状长圆形，弯曲成镰刀状或环形，密生短毛和腺体。种子，肾形，或扁圆形。花期 7~8 月；果期 8~9 月。

生境与分布 生于向阳干燥的山坡、草地、田边、路旁，数量少。延庆地区见于康庄镇。

致危分析 甘草的根及根茎是一种补益中草药，具有清热解毒、祛痰止咳、缓解脘腹疼痛、调和诸药作用，又可作香烟及蜜饯食品的配料。北京地区分布数量少，市场需求量又高，加上村民随意采挖，野生种群越来越少。

保护措施 就地保护，加强宣传教育，进行人工繁殖、引种，开展生物学研究。

青花椒（崖椒） *Zanthoxylum schinifolium* Sieb. et Zucc. 芸香科 Rutaceae 花椒属

形态概要 灌木；茎枝有短刺，刺基部两侧压扁状，嫩枝暗紫红色。奇数羽状复叶互生，有小叶 7~19 片；小叶纸质，对生，几无柄，位于叶轴基部的常互生，宽卵形至披针形，或阔卵状菱形，顶部短至渐尖，基部圆或宽楔形，两侧对称，有时一侧偏斜，油点多或不明显。花序顶生，花或多或少；萼片及花瓣均 5 片；花瓣淡黄白色；雄花的退化雌蕊甚短。蓇葖果球形，具瘤状突起，种子光滑。花期 6 月；果期 9~10 月。

生境与分布 生于平原至海拔 800m 山地疏林或灌木丛中或岩石旁等多类生境。据《北京重点保护野生植物》记载，延庆区千家店镇有零星分布，此次调查没有发现。

致危分析 青花椒的茎、叶煮汁可配置农用杀虫剂，其果实也可替代花椒。

白鲜 *Dictamnus dasycarpus* Turcz. 芸香科 Rutaceae 白鲜属

形态概要 多年生草本，基部木质化，全株具香气。根数条丛生。茎直立。奇数羽状复叶互生，小叶 9~13 片，卵形至椭圆形，先端短尖，边缘具细锯齿，基部宽楔形，两面密布腺点。总状花序顶生，密被柔毛及腺点；花大，白色，粉红色或紫色，萼片 5；花瓣 5。种子近球形，先端短尖，黑色，有光泽。花期 5~6 月；果期 7~8 月。

生境与分布 生于山坡草地或疏林下。延庆地区见于张山营镇。

致危分析 根皮入药，有祛热、解毒、利尿、杀虫之效。其花形美丽，可用于庭院观赏和绿化。零星分布，数量较少。由于花形美丽易被人为采折，造成繁衍困难。

保护措施 就地保护，严禁随意采挖。开展引种及生态学研究，努力提高种群数量，做到保护和利用双赢。

漆（漆树） *Toxicodendron vernicifluum* (Stokes) F.A.Barkl. 漆树科 Anacardiaceae 漆树属

形态概要 落叶乔木，树皮灰白色，粗糙，呈不规则纵裂，小枝粗壮，被棕黄色柔毛，后变无毛，具圆形或心形的大叶痕和突起的皮孔。奇数羽状复叶互生，小叶 4~6 对。圆锥花序，与叶近等长；花黄绿色。果序多少下垂，核果肾形或椭圆形，不偏斜，略压扁，外果皮黄色，无毛，具光泽，成熟后不裂，中果皮蜡质，具树脂道条纹，果核棕色，与果同形，坚硬；花期 5~6 月；果期 7~10 月。

生境与分布 生于山坡或沟谷杂木林中。据《北京重点保护野生植物》记载，延庆区有零星分布。此次调查没有发现本种。

保护措施 一旦发现，立即采取保护措施，以扩大种群数量。

省沽油 *Staphylea bumalda* DC. 省沽油科 Staphyleaceae 省沽油属

形态概要 落叶小乔木或灌木，树皮紫红色或灰褐色，有纵棱；枝条开展，绿白色复叶对生，有长柄，具3小叶；先端锐尖，具尖尾，基部楔形或圆形，边缘有细锯齿。圆锥花序顶生，直立，花白色；花瓣5，白色。蒴果膀胱状，扁平，2室，先端2裂；种子黄色，有光泽。花期4~5月；果期8~9月。

生境与分布 生于杂木林中、林缘、沟谷或草地等处。延庆地区见于井庄镇，资源量稀少。

致危分析 省沽油具有较高的观赏价值，还有重要的药用、食用价值等，具有很大的开发潜力。由于部分生境遭破坏，种群数量逐年下降。

保护措施 加大宣传力度，提高人们对植物保护的意识，开展组织培养及生殖生态学相关研究，以扩大种群数量。

软枣猕猴桃 *Actinidia arguta* (Sieb. et Zucc.) Planch. ex Miq. 猕猴桃科 Actinidiaceae 猕猴桃属

形态概要 大型落叶藤本。嫩枝有灰白色疏柔毛，老枝光滑。叶卵圆形、椭圆状卵形或长圆形，顶端突尖或短尾尖，基部圆形，边缘有锐锯齿，叶背脉腋处有柔毛；叶柄长。腋生聚伞花序。花白色，萼片仅边缘有毛。浆果，球形到长圆形，绿黄色。花期 5~6 月；果期 9~10 月。

生境与分布 生于沟谷杂木林中。延庆地区见于千家店镇、张山营镇、珍珠泉乡、四海镇，数量较多。

致危分析 鲜果可生食，软枣猕猴桃性味甘酸而寒，有解热、止渴、通淋、健胃的功效，营养价值高。也可制果酱、蜜饯、罐头、酿酒等。花为蜜源，也可提芳香油，极具开发潜力。其果实常被大肆采摘，茎条遭破坏，由此造成种群繁衍困难。部分地区生境逐渐变差，水分条件不足，逐渐干旱死亡。

保护措施 就地保护，强化管理，严禁随意采摘果实和砍伐枝条。还应开展保育生物学研究，探讨其繁殖机理，进行人工驯化栽培，为种群扩大和人类合理利用奠定理论基础。

狗枣猕猴桃 *Actinidia kolomikta* (Maxim. et Rupr.) Maxim. 猕猴桃科 Actinidiaceae 猕猴桃属

形态概要 落叶藤本，树皮片状开裂脱落；髓褐色，片层状。叶膜质或薄纸质，阔卵形、长方卵形至长方倒卵形，叶脉不发达，初时略被少量尘埃状柔毛，后秃净。聚伞花序，花白色或粉红色，芳香；萼片 5 片，花瓣 5 片。果柱状长圆形、卵形或球形，有时为扁体长圆形，果皮洁净无毛，无斑点，未熟时暗绿色，成熟时淡橘红色，并有深色的纵纹；果熟时花萼脱落。种子长约 2mm。花期 5~6 月；果熟期 9~10 月。

生境与分布 生于山坡杂木林内、林缘或沟谷中。据《北京植物志》记载延庆区有分布，但是目前还没有找到。另据《北京重点保护野生植物》记载，研究人员在延庆区发现 1 株，资源量极其稀少。此次调查未发现本种。

保护措施 一旦发现，立即实施就地保护，严禁私自采摘果实或砍伐枝条行为。探讨其繁殖机理，以扩大种群数量。

宽苞水柏枝 *Myricaria bracteata* Royle. 柽柳科 Tamaricaceae 水柏枝属

形态概要 灌木，多分枝；老枝灰褐色或紫褐色，多年生枝红棕色或黄绿色，有光泽和条纹。叶密生于当年生绿色小枝上，卵形、卵状披针形、线状披针形或狭长圆形，先端钝或锐尖。总状花序顶生于当年生枝条上，密集呈穗状；苞片通常宽卵形或椭圆形，有时呈菱形，粉红色、淡红色或淡紫色。蒴果狭圆锥形。花期 6~7 月；果期 8~9 月。

生境与分布 生于岸边、砂质沟边及湿地，数量极少。延庆地区见于康庄镇。

致危分析 由于该种常分布在岸边、池塘周围，其生境与物种受人为干扰因素较大。

保护措施 实施就地保护，加强宣传教育，提高人们的保护意识；适时开展枝条扦插等繁育措施，扩大种群数量。

中华秋海棠 *Begonia grandis* subsp.*sinensis*(A.DC.)Irmsch. 秋海棠科 Begoniaceae 秋海棠属

形态概要 多年生草本植物。有球形块茎，并有很多细长须根。茎肉质，少分枝。叶片宽卵形，薄纸质，先端渐尖，常呈尾状；基部心形，偏斜，边缘呈尖波状，有细尖牙齿，叶背淡绿色。花单性，雌雄同株；聚伞花序腋生；花粉红色。蒴果有3翅。花期7~8月；果期9~10月。

生境与分布 生于山谷阴湿岩石上、滴水的石灰岩边、疏林阴处、荒坡阴湿处以及山坡。延庆地区见于千家店镇、井庄镇、珍珠泉乡、四海镇、张山营镇，数量较多。

致危分析 中华秋海棠为中国特有植物，块茎入药，用于痢疾、肠炎、疝气、腹痛、崩漏、痛经、赤白带、跌打损伤。也是重要的花卉资源，观赏价值高。其对生境要求比较高，特别是要求有充足的水分，才能良好生长。

保护措施 就地保护，加强对生境的保护。严禁采折、盗挖等破坏行为。

辽东楤木 *Aralia elata* (Miq.) Seem. 五加科 Araliaceae 楤木属

形态概要 落叶小乔木。树皮灰色，密生坚刺，老时渐脱落。小枝淡黄色，疏生细刺。叶大，互生，二至三回单数羽状复叶，常集生于枝端；叶柄有刺；小叶多数，叶面暗绿色，叶背粉绿带灰蓝色。由多数小伞形花序组成圆锥花序，大而密；花瓣，淡黄白色。花期 7~8 月。

生境及分布 生于杂木林内、灌从或沟谷中，海拔约 1000m 上下。延庆区境域内有零星分布，数量稀少。

致危分析 辽东楤木芽有药用作用，用于健胃、止泻、利水等；叶可食，为著名的野菜；株形直立，具有较大的观赏价值，园林中常用；花密集着生，花期长，是重要的蜜源植物，含有多种微量元素。由于辽东楤木分布数量少且受人为干扰因素大，对个体生长和种群的自我更替、扩增造成极大影响，数量不断下降。

保护措施 实施就地保护，加强宣传教育工作，加大管理，严禁偷采破坏行为。开展生物学研究，为物种保护和合理利用提供基础资料。

刺五加 *Eleutherococcus senticosus* (Ruprecht & Maximowicz) Maximowicz. 五加科 Araliaceae 五加属

形态概要 落叶灌木。茎通常被密刺并有少数笔直的分枝，有时散生，通常很细长，一般在叶柄基部刺较密。掌状复叶具 5 小叶，纸质，有短柄，叶面有毛或无毛，边缘有锐尖重锯齿。伞形花序单个顶生或 2~4 个聚生，具多花；花紫黄色，花瓣 5，卵形。花期 7~8 月。

生境与分布 分布于山区各乡镇，资源量较大。生于阴坡腐殖质较厚的山坡林下。

致危分析 根皮及茎皮入药，有舒筋活血、祛风湿之效。由于市场需求量较大，常被偷挖采卖，种群数量随之下降。

保护措施 就地保护，严禁随意采挖。加大宣传，开展生物学研究。

无梗五加 *Eleutherococcus sessiliflorus*(Ruprecht & Maximowicz) S. Y. Hu. 五加科 Araliaceae 五加属

形态概要 落叶灌木或小乔木。树皮暗灰色，有纵裂纹。枝灰色，无刺或散生粗壮平直的刺。掌状复叶；小叶 3~5，倒卵形或长椭圆状倒卵形，稀椭圆形，边缘有不整齐锯齿。花序为数个球形头状花序组成的顶生圆锥花序；花多数；总花梗密生白色绒毛；花瓣 5，浓紫色，外面初有毛，后毛脱落。果倒卵球形，长 1~1.5cm，黑色，宿存花柱长达 3mm。花期 8 月。

生境与分布 分布于大庄科乡、千家店镇，零星分布。生于森林或灌丛中。

致危分析 根、皮有祛风湿、强筋通络之效。其种群多靠地表下约 5cm 长的地下茎自然萌生繁殖，速度较慢，影响繁殖扩散。

保护措施 就地保护，严禁随意采挖。加大宣传，开展生物学研究。

日本鹿蹄草 *Pyrola japonica* Klenze ex Alef. 杜鹃花科 Ericaceae 鹿蹄草属

形态概要 常绿草本状小半灌木；根茎细长，横生，斜升，有分枝。叶基生，近革质，椭圆形或卵状椭圆形，稀广椭圆形，先端圆钝，基部近圆形或圆楔形，边缘近全缘或有不明显的疏锯齿，叶面深绿色，叶脉处色较淡，叶背绿色。花葶有1~2枚膜状鳞片状叶或缺失，披针形。总状花序长6~10cm，花倾斜，半下垂，花冠碗形，白色；花瓣倒卵状椭圆形或卵状椭圆形。蒴果扁球形。花期6~7月；果期8~9月。

生境与分布 生于海拔800~2000m的针阔叶混交林或阔叶林内。延庆地区见于张山营镇，数量极少。

致危分析 日本鹿蹄草具有重要的药用价值，全草入药，有祛风湿、强筋骨、解毒、止血的功效。数量极少。随着高山旅游业的兴起，人为干扰因素增大。

保护措施 就地保护，加强对其生境的保护，还应保护其潜在分布区。开展生物学研究，解决物种保护和合理利用之间的矛盾。

松下兰 *Monotropa hypopitys* L. 杜鹃花科 Ericaceae 水晶兰属

形态概要 多年生腐生草本。肉质，白色或淡黄色，干后变黑色。根分枝多而密，外包一层菌根。茎直立，无毛或中部以上有毛。叶鳞片状，直立，上部较稀疏，下部稍密集，卵状长圆形，上部有不整齐的缘锯齿，无叶柄。总状花序，生于顶部，花筒状钟形，初下垂，后逐渐直立，淡黄色。果实：蒴果，椭圆状球形。花期 6~7 月；果期 8~9 月。

生境与分布 生于山地阔叶林或针阔叶混交林下。延庆地区见于张山营镇。

致危分析 松下兰从不进行光合作用，是靠着腐烂的植物来获得养分，属于腐生草本。主治气虚欲脱、汗出肢冷、倦怠无力、食欲不振、气短乏力、心神不安。由于数量极少，对生境要求较高，种群更新困难。

保护措施 就地保护，保护好生境，严防游人及背包客对生境的破坏。

岩生报春 *Primula saxatilis* Kom. 报春花科 Primulaceae 报春花属

形态概要 多年生草本。具短而纤细的根状茎，叶片阔卵形至矩圆状卵形，先端钝，基部心形，边缘具缺刻状或羽状浅裂，裂片边缘有三角形牙齿，叶面深绿色，被短柔毛，叶背淡绿色，被柔毛。伞形花序，苞片线形至矩圆状披针形，疏被短柔毛，有时先端具齿；花梗稍纤细，直立或稍下弯，被柔毛或短柔毛；花冠淡紫红色，花期 5~6 月。

生境与分布 生于阴坡沟谷、灌丛中，数量少。延庆地区见于珍珠泉乡。

致危分析 具有观赏价值，常用来美化家居环境，对生境要求较高。

保护措施 就地保护为主，加强对其生境的保护，努力扩大其种群数量。

二色补血草 *Limonium bicolor* (Bunge) Kuntze　白花丹科 Plumbaginaceae 补血草属

形态概要　多年生盐碱地草本植物。株高 30~70cm，直立，分枝，除花萼外全株无毛。基生叶窄倒卵形或倒卵披针形，先端钝但有短尖头，基部渐狭成柄。花序为由密集聚伞花序组成圆锥花序。花莛单一或数条，中上部多分枝，开展，有不育枝；苞片卵圆形，边缘宽膜质；花萼白色或稍带黄色或粉色，漏斗状，花冠黄色。胞果，具 5 棱。果期 5~10 月。

生境与分布　多生于盐碱地，是盐碱地的指示物。延庆地区见于康庄镇，数量少，零星分布。

致危分析　全草入药，有活血、止血、温中、健脾、滋补强壮功效，亦可当栽培观赏植物。二色补血草具有极高的医疗价值，市场需求大。超高的利益驱使周围村民的随意采挖，致使该植物越来越少，趋近灭绝边缘。

保护措施　实施就地保护，设置保护牌或围栏等措施。加强宣传教育，开展引种繁育的科学研究，提高人工种植量，缓解市场压力；对乱挖和非法收购等破坏行为进行严打。

流苏树（茶叶树） *Chionanthus retusus* Lindl. et Paxt. 木犀科 Oleaceae 流苏树属

形态概要 落叶灌木，高达 6m。树皮褐紫色，有纵裂纹，翘皮。叶椭圆形或卵形至椭圆形，先端尖或钝，有时微凹，基部阔楔形至圆形，全缘，叶背具柔毛，后变光滑。阔圆锥花序，生于有叶侧枝的先端；萼片披针形，花冠白色，4 深裂，裂片线状倒披针形；雄蕊 2；雌花柱短，2 裂。核果，椭圆形，暗蓝色。花期 5~6 月。

生境与分布 生海拔 3000m 以下的稀疏混交林中或灌丛中，或山坡、河边。延庆地区见于山区各乡镇，数量较少。延庆区有栽培种。

致危分析 流苏树可供观赏；嫩叶和芽可作茶；种子油可食用。虽然延庆山区均有分布，但属于零星分布。近年来因村民采摘嫩芽、花而屡遭破坏，有的甚至将树木砍伐后采摘，使得本来不多的流苏树，逐年减少。

保护措施 加强宣传和管理，禁止随意采伐。发展人工栽培技术，扩大人工栽培种群规模。

秦艽 *Gentiana macrophylla* Pall. 龙胆科 Gentianaceae 龙胆属

形态概要 多年生湿生草本。茎基生残叶堆积，直立。叶对生，披针形或长圆披针形；基生叶较大，聚集成丛，上部叶较小。花多朵，顶生成头状；花萼膜质，侧生破裂；花冠蓝紫色，管形，5裂片。蒴果。花期7~8月。

生境与分布 生于河滩、路旁、水沟边、山坡草地、草甸、林下及林缘，海拔400~2400m。延庆地区见于千家店镇、张山营镇。

致危分析 秦艽叶大、茎粗、花密，具有重要的观赏价值；根入药，有散风除湿、清热利尿、舒筋止痛功效。该物种分布零散，对水分要求高，所有种群更新能力差，数量较少。随着周围村民的不断采挖，该物种逐年减少。

保护措施 就地保护，加强宣传和保护力度；开展引种繁育的科学研究，提高秦艽的人工种植量，缓解市场压力。

白首乌 *Cynanchum bungei* Decne 夹竹桃科 Apocynaceae 鹅绒藤属

形态概要 多年生缠绕草本植物。块根，粗细不均，褐色。茎细而韧，表面灰紫色，无毛或疏生柔毛。叶对生，戟形，先端渐尖，基部心形，有短腺毛。花伞形聚伞状，腋生；花萼5深裂，裂片披针形；花冠白色，裂片长圆状披针形，反卷；副花冠5深裂，裂片披针形，里面中央有舌状片。蓇葖果，长角状。花期6~7月。

生境与分布 生于山谷、山坡、路边、河岸、灌丛中。延庆地区见于山区各乡镇，数量较多。

致危分析 白首乌根入药，有补肝益肾、养血敛精等作用，是重要的药材。虽然延庆地区分布较广且数量不少，但极易受到周围村民的采挖，致使该物种越来越少，有濒临灭绝的可能。

保护措施 就地保护，加强宣传教育；开展引种繁育的科学研究，提高白首乌的人工种植量，缓解市场压力。

丹参 *Salvia miltiorrhiza* Bunge 唇形科 Lamiaceae 鼠尾草属

形态概要 多年生草本植物。全株密被淡黄色柔毛及腺毛。根肥厚，肉质，外表朱红色，内面白色。茎四棱形，具槽，上部分枝。叶对生，奇数羽状复叶；小叶通常 5，顶端小叶最大，边具圆锯齿，两面密被白色柔毛。轮伞花序组成顶生或腋生的总状花序，每轮有花 3~10 朵，密被腺毛和长柔毛；花萼紫色，被腺毛；花冠蓝紫色，筒内有毛环。小坚果。花期 4~7 月。

生境与分布 生于山坡、洪积扇、台地地埂上、林下、草坡、沟旁。延庆地区见于张山营镇、千家店镇和香营乡，数量较少。

致危分析 丹参根可入药，具有通经活血的功效，具有极高的医疗价值。随着人口的增加及丹参的药用价值被大力开发，丹参需求量不断增加。周围村民的随意采挖，导致该物种越来越少，趋近灭绝边缘。

保护措施 就地保护，加强管理，禁止人为采挖。开展引种繁育的科学研究，提高丹参的人工种植量，缓解市场压力。

黄芩 *Scutellaria baicalensis* Georgi. 唇形科 Lamiaceae 黄芩属

形态概要 多年生草本植物。根茎肥厚，肉质，黄色。茎直立，多分枝，无毛。叶披针形或条状披针形，全缘，两面无毛，叶背密被下陷的腺点。花序顶生，总状；花冠紫色、紫红色或蓝色，二唇形；上唇盔状，下唇3裂，中裂片圆形，两侧裂片向上唇靠拢；雄蕊4，光滑，褐色。小坚果。花期7~8月。

生境与分布 生于向阳山坡，荒地上；也有大面积人工栽培。延庆地区见于山区各乡镇。

致危分析 黄芩根入药，治疗上呼吸道感染、急性胃炎等症有效；叶可制茶用，能清火解毒；可栽培观赏。黄芩虽然常见，数量很多，但随着人口的增加，市场需求日益增大，潜在威胁因素也在日益增加，需加以关注。

保护措施 就地保护，对野生种群数量加以保护。开展引种繁育的科学研究，提高黄芩的人工种植量，缓解市场压力。

丁香叶忍冬 *Lonicera oblata* Hao ex Hsu et H. J. Wang. 忍冬科 Caprifoliaceae 忍冬属

形态概要 落叶灌木，高达2m；幼枝浅褐色，略呈四角形，老枝灰褐色。冬芽有2对，卵形。叶厚纸质，三角状宽卵形至菱状宽卵形，基部宽楔形至截形；叶柄长1.5~2.5cm。苞片钻形；花黄白色；相邻两萼筒分离，无毛，萼檐杯状，齿不明显。果实红色，圆形，直径约6mm；种子近圆形或卵圆形。花期5~6月，果熟期7月。

生境与分布 生多石山坡上，海拔1200m。延庆地区见于松山自然保护区。

致危分析 丁香叶忍冬的数量极少，分布较散，物种繁衍比较困难。此前延庆区境内仅发现1株，分布在松山自然保护区。后经专家采用人工繁育的方式，培育出53株丁香叶忍冬幼苗，培育在松山自然保护区，目前长势良好。但是数量仍然较少。

保护措施 由于该种常生长于路边，应设置围栏，就地保护。加大对游客的宣传教育和管理工作，严禁一切破坏行为。

假贝母（土贝母）*Bolbostemma paniculatum* (Maxim.) Franquet 葫芦科 Cucurbitaceae 假贝母属

形态概要 多年生攀缘草本。鳞茎肥厚，肉质，乳白色；茎革质，攀缘状，无毛。叶柄纤细，叶片卵状近圆形，掌状5深裂，每个裂片再3~5浅裂。卷须丝状，单一或2歧。花雌雄异株。花黄绿色；雄蕊5。子房近球形，花柱3。果实圆柱状，成熟后由顶端盖裂。花期6~8月；果期8~9月。

生境与分布 生于山坡或坡地、平地。延庆地区见于井庄镇，零星分布。

致危分析 鳞茎入药，有散结、消肿、解毒功效，主治乳腺炎、疮疡肿毒、淋巴结结核、骨结核，外用治外伤出血、蛇虫咬伤。由于药用价值高，被过度开发采挖，种群遭破坏，致使物种濒危。

保护措施 就地保护，加强宣传教育，提高保护意识；进行人工驯化栽培，扩大种群数量。

桔梗 *Platycodon grandiflorus* (Jacq.) A.DC. 桔梗科 Campanulaceae 桔梗属

形态概要 多年生草本植物。具白色乳汁。根粗大，长圆柱形，表皮黄褐色。茎直立，单一或分枝。叶3枚轮生，有时为对生或互生，叶为卵状或卵状披针形，叶缘具尖锯齿，叶背被白粉。花1至数朵，生于茎顶或分枝顶端，花裂片5，三角形；花冠蓝紫色，浅钟状。蒴果，倒卵形，成熟时顶端5瓣裂。花期7~9月。

生境与分布 生于海拔2000m以下的阳坡草丛、灌丛中，少生于林下。延庆山区多见，也有部分人工栽培。

致危分析 根可入药，具有祛痰、利咽、排脓的功效；花大而美丽，可作为观赏植物。用途较广，易受周围村民和游客采挖，受人为干扰较大。

保护措施 实施就地保护，禁止私自采挖；开展引种繁育的科学研究，提高桔梗的人工种植量，缓解市场压力。

党参 *Codonopsis pilosula* (Franch.) Nannf. 桔梗科 Campanulaceae 党参属

形态概要 多年生草质藤本。具白色乳汁，植株具臭味。根锥状圆柱形，外皮黄褐色至灰棕色。茎细长而多分枝，光滑无毛。叶互生或对生，卵形或狭卵形，叶缘具波状齿或全缘。花1~3朵生枝的顶端，花萼片5，无毛，花冠淡黄绿色，带污紫色斑点，宽钟形，5浅裂；雄蕊5，柱头3裂。蒴果，圆锥形，花萼宿存。花期7~8月。

生境与分布 生于林内、路边、台地埂、灌丛中。延庆山区各乡镇均有分布。

致危分析 党参根入药，具有补脾、益气、生津的功效。随着人类活动的增多，易受周围村民采挖，致使该物种越来越少。

保护措施 就地保护，加强宣传教育，限制过度采；开展引种繁育的科学研究，提高党参的人工种植量，缓解市场压力。

羊乳 *Codonopsis lanceolata* (Sieb. et Zucc.) Trautv. 桔梗科 Campanulaceae 党参属

形态概要 多年生草质藤本。具白色乳汁和特殊的臭味。根粗壮，圆锥形或卵状圆锥形，外皮淡黄褐色。在主茎上的叶互生，较小，菱状狭卵形，在分枝顶端的叶3~4枚近轮生，短柄；叶菱状卵形，全缘，叶面绿色，叶背灰绿色，无毛。花生于分枝顶端，花萼裂片5，绿色，花冠黄绿色并带紫色斑点，宽钟状，5浅裂，雄蕊5，柱头3裂。蒴果，圆锥形，花萼宿存。花期7~8月。

生境与分布 生于林下山地灌丛中或沟谷阔叶林中。延庆地区见于千家店镇、张山营镇，数量较少。

致危分析 根入药，为我国著名中药，具有补虚通乳、排脓解毒的功效。虽然常见，但市场需求很大，促使周围村民常年肆意采挖，致使该植物越来越少，恐将成为濒危物种。

保护措施 就地保护，加强宣传和保护力度；开展引种繁育的科学研究，提高羊乳的人工种植量，缓解市场压力。

黑三棱 *Sparganium stoloniferum* (Graebn.) Buch.-Ham. ex Juz. 香蒲科 Typhaceae 黑三棱属

形态概要 多年生沼生草本植物。根茎细长，下生短的块茎，须根多。茎高60~120cm，上部有分枝。叶线形，中脉明显。雌花序1个，生于最下部分枝顶端，或1~2个生于较上分枝的下部，球形；雄花序数个或多个，生于分枝上部或枝端，球形，花密集。聚花果球形，无柄。花期6~7月。

生境与分布 常生于河流岸边、池塘和沼泽中，数量较多。延庆地区见于延庆镇、张山营镇、沈家营镇等，数量较多。

致危分析 黑三棱为优质饲料。也是良好的池边绿化、观赏植物。对生存环境要求较高，容易受外界环境影响。

保护措施 加强对黑三棱生境的保护，保护好水质，防止工农业的生产对水环境造成污染。开展引种繁育的科学研究，提高种群数量。

花蔺 *Butomus umbellatus* L. 花蔺科 Butomaceae 花蔺属

形态概要 多年生水生草本。根茎粗壮横生。叶基生，上部伸出水面，线形，三棱状，基部成鞘状。花茎圆柱形，直立，有纵纹。花两性，成顶生伞形花序。外轮花被 3，带紫色，宿存；内轮花被 3，淡红色。蓇葖果。花期 5~7 月。

生境与分布 生于池塘、河边浅水中。延庆地区见于张山营镇、延庆镇、沈家营镇。

致危分析 花蔺叶可作编织及造纸原料，花供观赏。花蔺对生存环境要求较高，容易受外界环境影响。

保护措施 加强对花蔺生境的保护，确保水质、水量可以满足其生长需求。加强防控，防止周围工农业对水环境造成污染。

菰（茭白） *Zizania latifolia* (Griseb.) Stapf. 禾本科 Poaceae 菰属

形态概要 多年生挺水草本植物。根状茎。秆直立，基部节上生不定根。叶大。穗大。分枝多数簇生，基部分枝开展，雌雄同株，雄小穗生于花序下部，紫色，雌小穗生于花序上部。花期7月。

生境与分布 常生于湖泊、池沼边缘，常与芦苇、香蒲等植物混生。延庆地区见于延庆镇、张山营镇、沈家营镇、康庄镇，数量较多。

致危分析 可作饲草；根和谷粒可入药，能治疗冠心病或作利尿药；有固堤作用。因其水生特性，对生境要求较高，种群难以自我扩大。

保护措施 就地保护，加大对生境的保护，首先要保护好水质，防止水体污染。

知母 *Anemarrhena asphodeloides* Bunge. 天门冬科 Asparagaceae 知母属

形态概要 多年生草本植物。根茎横生，粗壮，密被许多黄褐色纤维状残叶基，下面生有多数肉质须根。叶基生，丛出，线形。花 2~6 朵成一簇，散生在花莛上部呈总状花序；花黄白色，多于夜间开放，具短梗；花被片 6，线形；蒴果卵圆形。花期 5~7 月。

生境与分布 生于山脊、草地、路旁或干旱的荒滩上。延庆地区见于山区各乡镇，数量较多，平原地区也有人工栽培种。

致危分析 知母根状茎为著名的中药，具有滋阴降火、润燥滑肠的作用。虽然数量多分布广，但是随着人口的增加，对知母的市场需求越来越大，周围村民的不断采挖，致使该物种越来越少，有濒危的风险。

保护措施 就地保护，加强宣传教育，提高人们的保护意识。开展引种繁育的科学研究，提高知母人工种植量，缓解市场压力。限制过度采挖，对乱挖和非法收购等破坏行为进行严打。

黄精 *Polygonatum sibiricum* Delar. ex Redoute. 天门冬科 Asparagaceae 黄精属

形态概要 多年生草本植物。根茎横走，圆柱状，结节膨大。茎圆柱形，直立，不分枝。叶4~6枚轮生，叶片条状披针形，先端渐尖并拳卷。花腋生，下垂，2~4朵成伞形花序，白色至淡黄色；花期5~6月。浆果球形，熟时黑色。

生境与分布 常生于林下灌木丛或山坡上。延庆山区均有分布，数量较多。

致危分析 黄精根茎入药，具有滋养强壮的功效。近年来遭周边村民不断采挖，致使该种群数量越来越少。

保护措施 实施就地保护，进行宣传教育；开展引种繁育的科学研究，提高黄精的人工种植量，缓解市场压力。限制过度采挖，对乱挖和非法收购等破坏行为进行严打。

少花万寿竹（宝铎草）*Disporum uniflorum* Baker ex S. Moore 秋水仙科 Colchicaceae 万寿竹属

形态概要 《中国植物志》记载为少花万寿竹，秋水仙科万寿竹属。《北京植物志》记载为宝铎草，百合科万寿竹属。多年生草本，根状茎肉质，横出；根簇生。茎直立，上部具叉状分枝。叶薄纸质至纸质，矩圆形、卵形、椭圆形至披针形，主脉 3 条。伞形花序生于茎和分枝顶端，具 1~3 花；花黄色，花被片匙状倒披针形或倒卵形；雄蕊不伸出花被，内藏。浆果椭圆形或球形，成熟时蓝黑色，具 3 颗深褐色种子。花期 4~6 月；果期 6~10 月。

生境与分布 常生于林下、林缘、沟边或灌丛，性喜阴湿。延庆地区见于千家店镇，数量较少。

致危分析 由于近年来旅游业的发展和乡、镇、村的各种基础设施的修建，以及背包客的逐年增加，对本就稀少的宝铎草构成了威胁。

保护措施 就地保护，可采取围栏等措施加以保护。

茖葱（山葱） *Allium victorialis* L. 石蒜科 Amaryllidaceae 葱属

形态概要 多年生草本植物。根鳞茎单生或 2~3 枚聚生，近圆柱状。叶 2~3 枚，倒披针状椭圆形至椭圆形，基部楔形，沿叶柄稍下延，先端渐尖或短尖，叶柄长为叶片的 1/5~1/2。花莛圆柱形；伞形花序球状，具多而密集的花，小花梗近等长；花白色或带绿色；花期 6~7 月。蒴果，近圆球形。

生境与分布 生于海拔 1000m 以上的阴湿坡林下草地、沟边。延庆山区各乡镇均有分布。

致危分析 茖葱可食用，生吃、熟吃均可。随着乡村旅游的发展，越来越多的市民会选择在节假日到乡下游玩。作为农家特色菜，茖葱的采摘量不断增加，致使该物种逐年减少，有灭绝的危险。

保护措施 就地保护，积极开展引种措施，提高茖葱的人工栽培量。

有斑百合 *Lilium concolor* var. *pulchellum* (Fisch.) Regel. 百合科 Liliaceae 百合属

形态概要 多年生草本。根鳞茎卵状球形，白色，鳞茎上方的茎上簇生很多不定根。茎直立，光滑无毛。叶互生，条形或条状披针形。花单生或数朵呈总状花序，生于茎顶端；花深红色、黄色，有褐色斑点；蒴果矩圆形。花期 6~7 月。

生境与分布 生于山坡、草地、林间或路旁。延庆山区各乡镇均有分布。

致危分析 有斑百合常用作花卉观赏，鳞茎可食，也可入药，具有润肺化痰的作用。随着人为活动的增加，易遭周围村民采挖；因为美观，生长在路边的有斑百合经常被人采折，致使该物种越来越少，有濒危的风险。

保护措施 就地保护，加强宣传教育，提高保护意识，限制过度采挖；开展引种繁育的科学研究，提高有斑百合的人工种植量，缓解市场压力。

山丹 *Lilium pumilum* DC. 百合科 Liliaceae 百合属

形态概要 多年生草本。根鳞茎，白色。茎直立，光滑无毛。单叶互生，线形，中脉下面突出。花鲜红色，下垂，花被片 6，反卷；总状花序，数朵。蒴果，长圆形，室背开裂。花期 6~7 月

生境与分布 常生于山坡草地、林间、路旁。延庆山区各乡镇均有分布。

致危分析 山丹可栽培，观赏效果佳；鳞茎可食用，也可入药，具有滋补强壮、止咳祛痰、利尿等功效。随着人为活动的增加，易遭周围村民采挖；因为美观，生长在路边的山丹经常被人采折，致使该物种越来越少，有濒危的风险。

保护措施 就地保护加强宣传教育，提高人们的保护意识；开展引种繁育的科学研究，提高山丹的人工种植量，缓解市场压力。

穿龙薯蓣 *Dioscorea nipponica* Makino. 薯蓣科 Dioscoreaceae 薯蓣属

形态概要 俗名穿山龙，多年生缠绕草质藤本。根茎横走，具分枝，栓皮呈片状脱落，断面黄色。茎左旋，缠绕，具沟纹，无毛。叶互生，掌状3~7浅裂至深裂，全缘。花单性异株，穗状花序腋生；绿色花被6裂，花药白色，雄蕊6；蒴果，褐色，长圆形，具3翅；种子上端或下端具翅。花期7~8月。

生境与分布 常生于山腰的河谷两侧半阴半阳的山坡灌木丛中和稀疏杂木林内及林缘，而在山脊路旁及乱石覆盖的灌木丛中较少，喜肥沃、疏松、湿润、腐殖质较深厚的黄砾壤土和黑砾壤土，常分布在海拔100~1700m，集中在300~900m。延庆地区见于山区各乡镇，资源量多。

致危分析 穿山龙根入药，有舒筋活血、止咳化痰、祛风止痛的功效。虽然穿山龙在延庆区境域内很多见，但是随着人口的增加，穿山龙的市场需求量越来越大，周围村民的不断采挖，致使该物种越来越少，有濒临灭绝的可能。

保护措施 就地保护，加强宣传教育；开展引种繁育的科学研究，提高穿龙薯蓣的人工种植量，缓解市场压力。

凹舌掌裂兰（凹舌兰） *Dactylorhiza viridis* (Linnaeus) R. M. Bateman, Pridgeon & M. W. Chase. 兰科 Orchidaceae 掌裂兰属

形态概要　多年生陆生草本植物。块根肥厚掌裂状。茎直立，植株高 14~45cm。基部叶具 2~3 枚，椭圆形。总状花序长 5~8cm，花绿色，花瓣线形，唇瓣舌状，顶端带有豁口，所以又称之为凹舌兰。花果期 7~9 月。蒴果，直立，椭圆形。

生境与分布　生于林间草地或林缘湿地上，延庆地区见于海坨山，为新发现物种。

蜻蜓兰 *Platanthera fuscescens* (L.) Kraenzl. 兰科 Orchidaceae 蜻蜓兰属

形态概要 陆生兰，高 20~60cm。根状茎指状，肉质，细长。茎粗壮，直立，茎下部的 2~3 枚叶较大，大叶片倒卵形或椭圆形，直立伸展，在大叶之上具 1 至几枚苞片状小叶。总状花序狭长，具多数密生的花；花苞片狭披针形，常长于子房；花小，黄绿色；花瓣直立。花期 6~8 月；果期 9~10 月。

生境与分布 生于海拔 400~3800m 的山坡林下或沟边。延庆地区见于玉渡山自然保护区。

小花蜻蜓兰 *Platanthera ussuriensis* (Regel) Maxim. 兰科 Orchidaceae 蜻蜓兰属

形态概要 植株高 20~55cm。根状茎指状，肉质，细长，弓曲。茎较纤细，直立，基部具 1~2 枚筒状鞘，鞘之上具叶，下部的 2~3 枚叶较大，中部至上部具 1 至几枚苞片状小叶。大叶片匙形或狭长圆形，直立伸展。总状花序具 10~20 余朵较疏生的花；花较小，淡黄绿色；中萼片直立，凹陷呈舟状，宽卵形，先端钝，具 3 脉；花瓣直立。花期 7~8 月；果期 9~10 月。

生境与分布 生于海拔 400~2800m 的山坡林下、林缘或沟边。延庆地区见于海坨山和玉渡山自然保护区。

北方红门兰 *Galearis roborowskyi* (Maxim.) S.C.Chen, P.J.Cribb et S.W.Gale.

兰科 Orchidaceae 红门兰属

形态概要 植株高 5~15cm。无块茎，具狭圆柱状、伸长、平展、肉质的根状茎。茎直立，圆柱形。叶 1 枚，罕 2 枚，基生，叶片卵形、卵圆形或狭长圆形，直立伸展。花序具 1~5 朵花，常偏向一侧；花紫红色，萼片近等大，中萼片直立，具 3 脉，与花瓣靠合呈兜状；花瓣直立，较萼片稍短小。果实长椭圆形。花期 6~7 月；果期 7~8 月。

生境与分布 生于海拔 1700~4500m 的山坡林下、灌丛下及高山草地上。延庆地区见于海坨山，为北京市新记录植物。

二叶舌唇兰 *Platanthera chlorantha* Cust. ex Rchb. 兰科 Orchidaceae 舌兰属

形态概要 多年生陆生草本植物。具1~2枚卵形的块根。茎直立，无毛，高30~50cm。基生叶2枚，椭圆形。花白色，花瓣偏斜，基部较宽大，唇瓣肉质。花期6~7月。蒴果，具喙。

生境及分布 生于山坡林下或草丛中，延庆地区见于海坨山、凤凰坨等地。

二叶兜被兰 *Neottianthe cucullata* (L.) Schltr. 兰科 Orchidaceae 兜被兰属

形态概要 多年生陆生草本植物。肉质块根近球形或椭圆形。茎直立，株高 4~24cm。基生叶 2 枚，卵形，叶上带有紫色花点。花总状花序顶生，偏向一侧，花紫粉色，花瓣线形。花期 8~9 月。

生境及分布 生于林下和林间草地。延庆地区见于柏木井阴坡林下，不多见。

手参 *Gymnadenia conopsea* (L.) R. Br. 兰科 Orchidaceae 手参属

形态概要 多年生陆生草本。块根椭圆形，下部常掌状分裂，似小手状，所以叫手参。茎直立，肉质，20~60cm。叶 3~5 片，狭椭圆形或椭圆披针形，茎上部有 2~3 片小叶。花粉红色或淡紫色；花序总状具多数密生的花，圆柱形。花期 6~8 月。

生境及分布 生于林间草甸。延庆地区见于海坨山。

绶草 *Spiranthes sinensis* (Pers.) Ames. 兰科 Orchidaceae 绶草属

形态概要 多年生陆生小草本。根数条肉质，白色。茎直立，株高 10~40cm。叶生在基部，具数片叶，叶线形或披针形。花小，淡红色，在茎上成螺旋状排列。蒴果，椭圆形。花期 6~8 月。

生境及分布 生于山坡、草地、路边或杂草丛中。延庆地区见于玉渡山自然保护区、井庄镇等地，较为常见。

角盘兰 *Herminium monorchis* (L.) R. Br. 兰科 Orchidaceae 角盘兰属

形态概要 多年生陆生草本植物。块根球形，直径 6~10mm，肉质。株高 5.5~35cm，茎直立。叶无毛，基部具 2 枚筒状鞘，下部具 2~3 枚叶，上部具 1~2 枚苞片状小叶。叶片狭椭圆状披针形或狭椭圆形，直立伸展。花黄绿色，花小，花瓣线形，花序总状圆柱形。花期 6~7 月。

生境与分布 生于山坡草地、林下、沟边。延庆地区见于海坨山。

裂瓣角盘兰 *Herminium alaschanicum* Maxim. 兰科 Orchidaceae 角盘兰属

形态概要 植株高 15~60cm。块茎圆球形，肉质。茎直立，无毛，在叶之上有 3~5 枚苞片状小叶。叶片狭椭圆状披针形，基部渐狭并抱茎。总状花序具多数花，圆柱状；花小，绿色，垂头钩曲，中萼片卵形；花瓣直立；蕊柱粗短；花粉团倒卵形，具极短的花粉团柄和黏盘，黏盘卷曲呈角状；蕊喙小；柱头 2 个，隆起，椭圆形，位于唇瓣基部两侧；退化雄蕊 2 个，椭圆形。花期 6~7 月；果期 7~9 月。

生境与分布 生于海拔 600m 以上的山坡草地、高山栎林下或山谷峪坡灌丛草地。据《北京重点保护野生植物》记载，延庆境域内有分布，此次调查未发现。

沼兰 *Malaxis monophyllos* (L.) Sw. 兰科 Orchidaceae 沼兰属

形态概要 多年生草本植物。高 15~20cm。根假鳞茎卵形或椭圆形，具白色的干膜质鞘。叶基生，1~2 片，椭圆形，叶柄鞘状抱茎。总状花序，顶生。花小，绿黄色，花瓣线形，唇瓣卵形。蒴果，斜椭圆形。花期 6~7 月。

生境及分布 生于林间草甸上。延庆地区见于海坨山林下、玉渡山自然保护区沟滩草地上。

羊耳蒜 *Liparis campylostalix* H. G. Reichenbach. 兰科 Orchidaceae 羊耳蒜属

形态概要 地生草本。假鳞茎宽卵形，较小，外被白色的薄膜质鞘。叶 2 枚，卵形至卵状长圆形，先端急尖或钝，近全缘。花莛长 10~25cm；总状花序具数朵至 10 余朵花；花苞片卵状披针形；花淡紫色；中萼片线状披针形，具 3 脉；花瓣丝状，唇瓣近倒卵状椭圆形，从中部多少反折，先端近浑圆并有短尖，边缘具不规则细齿，基部收狭，无胼胝体。花期 6~7 月；果期 9~10 月。

生境与分布 生于海拔 100m 以下灌丛中或草地荫蔽处及林缘、河岸边。延庆地区见于玉渡山自然保护区，分布数量较少。

对叶兰（华北对叶兰）*Neottia puberula* (Maximowicz) Szlachetko. 兰科 Orchidaceae 鸟巢兰属

形态概要　多年生陆生直立草本，北京地区又叫华北对叶兰。植株直立。具小形和不分裂块茎。具细长的根状茎。茎的中部具 2 枚对生叶，心形，阔卵形或阔卵状三角形，叶缘多少皱波状。总状花序，顶生；具稀疏的花；苞片披针形，绿色，急尖。花瓣通常较萼片为小，常稍肉质，线形、菱形。蒴果，长圆形。花期 6~8 月。

生境及分布　常生于高山草甸。延庆地区见于海坨山阴坡草地。

北方鸟巢兰(堪察加鸟巢兰) *Neottia camtschatea* (L.) Rchb. F. 兰科 Orchidaceae 鸟巢兰属

形态概要 腐生兰，植株高 10~27cm。具曲折的根状茎及多数肉质根。茎棕红，上部疏被乳突状短柔毛，中部以下具 2~4 枚鞘，无绿叶；鞘膜质，下半部抱茎。总状花序顶生，具 10~20 余朵花，花淡绿色至绿白色。蒴果椭圆形。花果期 7~8 月。

生境与分布 生长于海拔 1800~2400 米的林下或林缘等腐殖质丰富、湿润的地方。延庆地区见于海坨山。

尖唇鸟巢兰 *Neottia acuminata* Schltr. 兰科 Orchidaceae 鸟巢兰属

形态概要 多年生腐生草本，植株高14~30cm。根为白色多数，肉质。茎直立，棕色，中部以下具3~5枚鞘，无绿叶；总状花序顶生，长4~8cm，通常具20余朵花；花小，黄褐色；蒴果椭圆形。花果期6~8月。

生境及分布 生于林下和草丛阴处，延庆地区见于海坨山。

高山鸟巢兰 *Neottia listeroides* Lindl. 兰科 Orchidaceae 鸟巢兰属

形态概要 植株高 15~35cm。茎直立，上部具乳突状短柔毛，无绿叶；鞘膜质，半部抱茎。总状花序顶生，具 10~20 朵或更多的花；花序轴具乳突状短柔毛；花小，淡绿色；唇瓣狭倒卵状长圆形，先端 2 深裂；花药俯倾，紧靠蕊喙；柱头凹陷，近半圆形，有狭窄的边缘；蕊喙近宽卵状舌形，水平伸展，几与花药等长。花期 7~8 月。

生境与分布 生于海拔 1500m 以下或 2500~3900m 的林下或荫蔽草坡上。延庆地区见于海坨山和水头村。

裂唇虎舌兰 *Epipogium aphyllum* (F. W. Schmidt) Sw. 兰科 Orchidaceae 虎舌兰属

形态概要 腐生兰，植株高 10~30cm，地下具分枝的、珊瑚状的根状茎。茎直立，淡褐色，肉质，无绿叶，具数枚膜质鞘；鞘抱茎。总状花序顶生，具 2~6 朵花；花较大；花黄色而带粉红色或淡紫色晕，多少下垂；萼片披针形或狭长圆状披针形，先端钝；花瓣与萼片相似，常略宽于萼片；蕊柱粗短，花药顶生；花粉块 2 枚；花柄丝状，长 2~5mm。花期 8~9 月。

生境与分布 生于海拔 1200m 以上的林下。据《北京重点保护野生植物》记载，延庆区有零星分布，十分罕见。此次调查未发现。

珊瑚兰 *Corallorhiza trifida* Chat. 兰科 Orchidaceae 珊瑚兰属

形态概要 腐生小草本，高 10~22cm；根状茎肉质，多分枝，珊瑚状。茎直立，圆柱形，红褐色，无绿叶，被 3~4 枚鞘；鞘圆筒状，抱茎，膜质，红褐色。总状花序顶生，具 3~9 朵花；花淡黄色或白色；唇瓣近长圆形或宽长圆形；蕊柱较短，两侧具翅。蒴果下垂，椭圆形。花果期 6~8 月。

生境与分布 生于海拔 2000m 以上林下或灌丛中。延庆地区见于张山营镇。

北京无喙兰 *Holopogon pekinensis* X. Y. Mu & Bing Liu 兰科 Orchidaceae 无喙兰属

形态概要 多年生腐生兰。株高18~25cm。根茎具许多短而簇生的肉质根。花序绿色。花序梗具2~3个鞘状苞叶；苞叶长2~4cm，白色，膜质，最上一枚总苞片状。花序轴长4~8cm，有5~20花，被浅绿色乳突短柔毛。小花苞片披针形，膜质，背面被稀疏柔毛。花直立，辐状，绿色，花期萼片和花瓣开展；小花梗长4~8mm，纤细，被乳突状柔毛；子房椭圆状，长5mm，被乳突状柔毛。萼片近直立，狭长圆形，中脉凸起，外面稍被柔毛。花瓣3，中脉显著，彼此相似，无特化唇瓣，狭长圆形。蕊柱直立，连同花药长2~3mm；花丝短；花药近卵状长圆形；花粉近椭圆状。

生境与分布 生于海拔约1000m的落叶阔叶林下深厚腐殖质土壤中。延庆地区见于玉渡山自然保护区。

4. 延庆区重点关注植物

辽吉侧金盏花 *Adonis ramosa* Franchet. 毛茛科 Ranunculaceae 侧金盏花属

形态概要 多年生草本植物。根状茎，无毛或顶部有稀疏短柔毛，下部或上部分枝。基部和下部叶鳞片状，卵形或披针形；叶片宽菱形，二至三回羽状全裂，末回裂片披针形或线状披针形，顶端锐尖。花单生茎或枝的顶端，萼片，灰紫色，宽卵形、菱状宽卵形或宽菱形，花瓣约 13，黄色，长圆状倒披针形。花期 3~4 月。

生境与分布 生于山坡阳处阔叶林下，海拔 1000m 以上。延庆地区见于四海镇、珍珠泉乡。

致危分析 辽吉侧金盏由于开花早而且色彩艳丽，加上其具有一定的药用价值，易遭受人为破坏。

保护措施 就地保护，加强对其生境及其潜在分布区的保护，需要管理部门制定相关制度加大宣传和管理力度，开展适当的引种、繁育工作。

金莲花 *Trollius chinensis* Bunge 毛茛科 Ranunculaceae 金莲花属

形态概要 多年生直立草本。基生叶，具长柄；叶片五角形。花通常单生，萼片金黄色，椭圆状卵形或倒卵形；花瓣，狭线形，金黄色。蓇葖果，具脉网；种子近倒卵形，黑色。花期 6~7 月；果期 8~9 月。

生境与分布 分布于张山营镇，数量较少，资源量很少。多生长在海拔 1800m 以上的高山草甸或疏林地带。

致危分析 金莲花具有重要的药用价值。北京地区数量极其稀少，星散分布，种群更新、繁衍能力低，数量不断减少。其对生境要求高，这也在一定程度上限制了种群的生长。

保护措施 实施就地保护，严禁随意采挖，加大宣传教育和管理力度。对其繁殖，扩散等生物学机制进行探讨，为种群保护和数量回升寻求最佳策略。

毛叶山樱花 *Cerasus serrulata* var. *pubescens* (Makino) Yü et Li. 蔷薇科 Rosaceae 樱属

形态概要 乔木，高 3~8m，树皮灰褐色或灰黑色。小枝灰白色或淡褐色，无毛。叶片卵状椭圆形或倒卵椭圆形，边有渐尖单锯齿及重锯齿，齿尖有小腺体，叶面深绿色，无毛，叶背淡绿色，短柔毛。花序伞房总状或近伞形；被长柔毛；花瓣白色，稀粉红色；花柱无毛。核果球形或卵球形，红色。与山樱花的主要区别是叶柄、叶背及花梗均被短柔毛。花期 4~5 月；果期 6~7 月。

生境与分布 常集中连片生于阴坡，延庆地区见于张山营镇黄柏寺村，数量较少。其具有很高的观赏价值，可引种栽培，用于绿化美化。

卷丹 *Lilium tigrinum* Ker Gawler. 百合科 Liliaceae 百合属

形态概要 多年生草本。鳞茎，白色；茎直立，常带紫色条纹，具白色绵毛；叶散生，矩圆状披针形或披针形，叶面叶腋处生有紫色珠芽；花下垂，花被片披针形，反卷，橙红色，有紫黑色斑点；蒴果，狭长卵形。花果期 7~10 月。

生境与分布 分布于各乡镇。卷丹鳞茎可食，亦可入药，广为应用。其花形、花色美丽，为优良的观赏植物。北京各区都有分布，但野生资源很少。

保护措施 加强资源管理，扩大种植面积，加强宣传教育工作，严禁破坏。

平贝母 *Fritillaria ussuriensis* Maxim. 百合科 Liliaceae 贝母属

形态概要 植株长可达1m。鳞茎由2枚鳞片组成，周围还常有少数小鳞茎，容易脱落。叶轮生或对生，在中上部常兼有少数散生的，条形至披针形，先端不卷曲或稍卷曲。花1~3朵，紫色而具黄色小方格，顶端的花具4~6枚叶状苞片，苞片先端强烈卷曲；雄蕊长约为花被片的3/5，花药近基着，花丝具小乳突，上部更多；花柱也有乳突，柱头裂片长约5mm。花期5~6月。

生境与分布 2020年6月中旬，在玉渡山景区发现该种，数量极少。生于低海拔地区的林下、草甸或河谷。目前已经设置围栏进行保护。建议适当种植，扩大种群数量规模。

致危分析 本种有悠久的栽培历史，是药材平贝的唯一来源。

柳穿鱼 *Linaria vulgaris* subsp. *chinensis* (Debeaux) D.Y.Hong. 车前科 Plantaginaceae 柳穿鱼属

形态概要 多年生草本。株高 20~50cm，茎直立，单一或分枝，无毛。叶多为互生，少为下部轮生，线形或披针状线形，全缘，无毛。总状花序，顶生，花多数；花萼 5 裂，花冠黄色，稍弯曲；喉部附属物位于下唇，橘黄色，有须毛。蒴果，卵球形，种子黑色。花期 6~8 月。

生境与分布 适宜生长在阳光充足或半阴半阳处，喜排水正常、土层深厚松软且通透性强的土壤。延庆地区见于千家店镇、张山营镇，数量较少。

致危分析 柳穿鱼全草入药；色彩艳丽，亮泽多姿，有着较高的观赏价值和应用前景。

保护措施 延庆区分布数量较少，建议人工扩繁，用于园林绿化。

睡菜 *Menyanthes trifoliata* L. 睡菜科 Menyanthaceae 睡菜属

形态概要 多年生沼生草本植物，全株光滑无毛。匍匐状根状茎粗大，绿色或黄褐色。叶子全部基生，挺出水面，三出复叶，小叶椭圆形，叶缘波状全缘。花冠白色，筒形，花冠5深裂，有纤毛，蒴果球形。花期为5~7月；果期6~8月。

生境与分布 分布于张山营镇，数量较少。生于湿地、河边、溪流等处。

致危分析 睡菜形状雅致，为良好的水生观赏植物。可盆栽，叶入药。北京地区目前仅延庆区菜河流域有分布，主要分布区曾被破坏，险遭灭绝，可喜的是在原分布区下游又发现新的种群。

保护措施 建议加强监测，人工培育，在适宜的区域种植，扩大种群数量和规模，达到保护目的。

华扁穗草 *Blysmus sinocompressus* Tang et Wang. 莎草科 Cyperaceae 扁穗草属

形态概要 多年生草本，匍匐根状茎，黄色，光亮，有节，节上生根，长 2~7cm，鳞片黑色；秆近于散生，扁三棱形，具槽，中部以下生叶，基部有褐色或紫褐色老叶鞘，高 5~20（26）cm。叶平张，顶端三棱形，短于秆；叶舌很短，白色，膜质。苞片叶状，一般高出花序；小苞片呈鳞片状，膜质；穗状花序一个，顶生，长圆形或狭长圆形；小穗卵披针形、卵形或长椭圆形，长 5~7mm，有 2~9 朵两性花；鳞片近 2 行排列，长卵圆形，顶端急尖，锈褐色，膜质，背部有 3~5 条脉，中脉呈龙骨状突起，绿色；花药狭长圆形，顶端具短尖。小坚果宽倒卵形，平凸状，深褐色。花果期 6~9 月。

生境与分布 据记载延庆地区见于玉渡山自然保护区，数量极少，但此次调查延庆境 域内未发现本种，为河北新发现。北京地区很少见的野生种类，属于珍稀植物，因此要加大对野生种质资源的保护，为品种改良创造良好条件。

东北甜茅 *Glyceria triflora* (Korsh.) Kom. 禾本科 Poaceae 甜茅属

形态概要 多年生，具根茎。秆单生，直立，高 50~150cm，粗壮，基部径 4~8mm。叶鞘闭合几达口部，无毛，具横脉纹，下部者长于上部者且常短于节间；叶舌膜质透明，稍硬。叶片扁平或边缘纵卷，叶面以及边缘粗糙，叶背光滑或微粗糙，基部具 2 个褐色斑点。圆锥花序大型，开展，每节具 3~4 分枝；分枝上升，主枝长达 18cm，粗糙至光滑；小穗淡绿色或成熟后带紫色，卵形或长圆形，含 5~8 小花。果红棕色，倒卵形。花期 6~7 月；果期 7~9 月。

生境与分布 据记载延庆地区见于玉渡山自然保护区，但此次调查延庆境域内未发现本种，为河北新发现。

泡囊草 *Physochlaina physaloides* (L.) G. Don. 茄科 Solanaceae 脬囊草属

形态概要 多年生草本。株高30~45cm，幼茎被腺质短柔毛，以后脱落。叶卵形，边缘全缘而微波状。花排成伞房花序；具有鳞片状苞片；花冠漏斗状，紫色，5浅裂；雄蕊5，花柱明显地伸出花冠。蒴果。花期4~6月；果期6~8月。可栽培观赏。

生境与分布 分布于张山营镇。生于林下、林缘、山坡等处。

致危分析 泡囊草具有一定的药用价值，根有镇痛、镇静、解痉功效；花和茎可作止血药。延庆区分布的数量很少，仅在松山保护区及周边又发现。

保护措施 应适当扩繁，扩大种群数量和规模。

狼毒 *Stellera chamaejasme* L. 瑞香科 Thymelaeaceae 狼毒属

形态概要 多年生高山草本植物。根圆柱形。茎丛生，平滑无毛，下部几木质，带褐色或淡红色。单叶互生，较密；狭卵形至线形，全缘，两面无毛；老时略带革质；叶柄极短。头状花序顶生，花多数；萼常呈花冠状，白色或黄色，带紫红色，萼筒呈细管状。果卵形，为花被管基部所包。花期 5~6 月；果期 7~9 月。

生境与分布 分布于张山营镇。狼毒花自然生长在海拔 1800m 以上的高山及草原。

致危分析 狼毒花既具观赏性又有药用价值，根有毒。受环境影响以及人为因素干扰，导致种群数量及规模很难发展。

保护措施 建议建立高山草甸保护小区，把草甸内分布的珍稀物种同时保护起来。

款冬 *Tussilago farfara* L. 菊科 Asteraceae 款冬属

形态概要 多年生湿地草本。根状茎褐色，横生地下。高 5~10cm，早春先抽出花莛数条，生有白色绵毛，具有 10 多片鳞片状小叶，淡紫褐色。头状花序，顶生。总苞 1~2 层，紫红色，背面有蛛丝状毛；舌状花黄色，管状花黄色。瘦果。后生出基生叶，阔心形，边缘波状，顶端有增厚的黑褐色疏齿，叶背密生白色绒毛。花期 3~5 月。

生境与分布 生于河边、沟谷水边砂质地。延庆地区见于张山营镇、旧县镇。

致危分析 本种是延庆春季野外最早开花的植物。款冬具有一定的药用价值。花蕾入药，称冬花，能润肺下气、化痰止咳。由于种群分布零散，对传粉、生殖等有不利影响，且易遭采挖破坏。

保护措施 实施就地保护，加大对生境的保护。强化宣传教育，杜绝随意采挖现象。实施迁地保护和扩繁技术研究，为种群增加和合理开发保护提供基础资料。

麻核桃 *Juglans hopeiensis* Hu. 胡桃科 Juglandaceae 胡桃属

形态概要 落叶乔木，高达2.5m；树皮灰白色，具纵裂；嫩枝密被短柔毛，后来脱落变近无毛。奇数羽状复叶长45~80cm，叶柄及叶轴被短柔毛，后变稀疏，有7~15枚小叶；小叶长椭圆形至卵状椭圆形，长达10~23cm，宽6~9cm，顶端急尖或渐尖，基部歪斜、圆形，上面深绿色，无毛，叶背淡绿色，脉上有短柔毛，边缘有不显明的疏锯齿或近于全缘。雄性柔荑花序长达24cm，花序轴有稀疏腺毛。雄花的苞片及小苞片有短柔毛，花药顶端有短柔毛。雌性穗状花序约具5雌花。果序具1~3个果实。果实近球状，长约5cm，径约4cm，被有疏腺毛或近于无毛，顶端有尖头；果核近于球状，顶端具尖头，有8条纵棱脊，其中2条较凸出，其余不甚显著，皱曲；内果皮壁厚，具不规则空隙，隔膜厚，亦具2空隙。木材较核桃和胡桃楸质坚而韧，淡褐色，具光泽，不翘不裂，可作军工用材，又可作为嫁接核桃的砧木。

致危分析 延庆地区见于大庄科乡，数量极少。由于麻核桃果核刻纹雅致，常作为掌中玩物，备受人们喜爱，故而民间常采集。

保护措施 需加大对该物种的保护，同时对该物种进行培育，扩大种群数量。

5. 延庆区入侵植物

少花蒺藜草 *Cenchrus longispinus* (Hackel) Fernald. 禾本科 Poaceae 长刺蒺藜草属

《中国植物志》记录为光梗蒺藜草，内蒙古地区通俗叫少花蒺藜草，又叫长刺蒺藜草。少花蒺藜草收录在《中华人民共和国进境植物检疫性有害生物名录》。

形态概要 一年生草本。根状茎粗壮。高 50cm，基部横卧地的节处生根。叶鞘背部有细疣毛，下部和边缘处有纤毛。叶舌有纤毛。叶片长 5~20cm，宽 0.4~1cm；叶面基部生有长柔毛。总状花序，直立，4~8cm；主轴上生有圆形刺苞。花期在夏季。

分布与防范 属于外来入侵植物，生于干热地区砂质土壤上。目前，仅在康庄镇有发现，扩散不明显，但仍需重视。生长早期人工拔除，能有效除灭。

刺果瓜 *Sicyos angulatus* L. 葫芦科 Cucurbitaceae 刺果瓜属

刺果瓜收录在《中国自然生态系统外来入侵物种名单（第四批）》。

形态概要 一年生攀缘草本。茎上具有棱槽，并散生硬毛，具有卷须，能攀缘到10多米高的大树上。叶心形，具有3~5个角或裂片。花冠黄绿色，花瓣5，直径9~14mm；球状花序，花柄长满白硬毛。果长卵圆形，多个果实形成球状，每个果被长满了长短不一、粗细不等的白色硬毛。花期7~9月。

刺果瓜生命力极强，生长旺盛，通过竞争生存空间、直接扼杀或分泌释放化学物质以抑制其他生物生长。对乔灌木和农作物影响很大。

分布与防范 2012年在张山营镇黄白寺村发现，近年全区各乡镇均有发现，扩散极快。建议在花期前，统一组织，人工清除，控制扩散势头，并尽快根除。

意大利苍耳 *Xanthium italicum* Moretti. 菊科 Asteraceae 苍耳属

意大利苍耳收录在《中华人民共和国进境植物检疫性有害生物名录》。

形态概要 一年生草本。侧根分支很多，直根深入地下达1.3m，在缺氧环境中可以发育成很大的气腔。茎高20~150cm，直立，粗糙具毛，分支多，有紫色斑点。叶单生，下部叶常对生，高位叶互生；宽卵形，3~5圆裂片。花小，绿色，头状花序单性同株。瘦果卵球形，表面覆盖棘刺，上面布满了独特的毛。

分布与防范 白河堡水库周边、官厅水库周边、延庆镇都有分布，建议加强监测，适时采取有效措施灭除。

黄花刺茄 *Solanum rostratum* Dunal 茄科 Solanaceae 茄属

黄花刺茄于 2016 年 12 月 12 日 被中华人民共和国生态环境部列入《中国自然生态系统外来入侵物种名单（第四批）》

形态概要 一年生草本植物。茎直立，基部稍木质化，自中下部多分枝，密被长短不等带黄色的刺，刺长 0.5~0.8cm，并有带柄的星状毛。叶互生，密被刺及星状毛；叶片卵形或椭圆形，不规则羽状深裂及部分裂片又羽状半裂，裂片椭圆形或近圆形；先端钝，叶面疏被 5~7 分叉星状毛、叶背密被 5~9 分叉星状毛，两面脉上疏具刺，刺长 3~5mm。蝎尾状聚伞花序腋外生，3~10 花。花期花轴伸长变成总状花序，花横向，在萼筒钟状，密被刺及星状毛，萼片 5，线状披针形，长约 3mm，密被星状毛；花冠黄色，辐状，5 裂，瓣间膜伸展，花瓣外面密被星状毛，雄蕊 5，花药黄色，异形，下面 1 枚最长，后期常带紫色，内弯曲成弓形，其余 4 枚。浆果球形，完全被增大的带刺及星状毛硬萼包被，萼裂片直立靠拢成鸟喙状，果皮薄，与萼合生，萼自顶端开裂后种子散出。种子黑色。花果期 6~9 月。

分布与防范 康庄镇、大榆树镇、珍珠泉乡等多个乡镇均有发现。目前，种群规模小，数量少。建议对该物种加强监测，适时采取有效治理措施。

6. 延庆区保护植物致危分析与保护建议

延庆区境域内共有国家及北京市一、二级保护植物 83 种，有保护价值和培育前景的重点关注植物 13 种，总计 96 种。多数为具备观赏和药用价值的灌草植物，乔木植物相对较少。本书通过对保护植物及重点关注植物的分布规律、生活型、区系类型、濒危原因和保护措施等内容进行阐述，拟为后续的研究及保护工作提供可靠数据，为延庆区的植物保护和规划提供准确的基础资料。

6.1 濒危原因分析

植物濒危原因分为两大类：首先是自身因素，如遗传力、繁殖力、生活力及适应性等；其次是外部因素，可分为自然和人为两种情况。针对延庆区保护植物现状，其濒危原因有以下几点：

6.1.1 自身因素

（1）分布区域狭窄，如轮叶贝母、丁香叶忍冬等，自然更新困难。（2）种类较少，主要为兰科植物，竞争力差，很容易受到干扰而灭绝。（3）繁殖能力不强，如丁香叶忍冬、宽苞水柏枝等，不能很快建立种群，也会引起数量的急剧减少。总之，这些竞争力弱、繁殖能力不强、遗传变异低、适应性差的植物物种，一旦受到外界的干扰和破坏，就很可能会面临濒危或灭绝。

6.1.2 自然因素

（1）生物竞争。当不同物种共同利用同一有限资源时，或当某一类个体数量迅速增加时，常常导致物种间发生竞争，激烈时可能导致某个植物物种濒危或灭绝。（2）致病生物。真菌、细菌等多种微生物，能够从植物体中获取养分，导致植物体发生病害、发育不良乃至死亡。引起传染性植物病害的有：真菌、细菌、病毒、线虫及寄生性种子植物。（3）物理因素。部分植物对环境要求极其苛刻，一旦环境变化，将难以扩大种群。如北京水毛茛对水源要求高，如果环境中长期缺水或水质被破坏，其种群的生存、繁衍亦会受到影响。

6.1.3 人为因素

（1）生境破坏。生境破坏主要包括森林生境的丧失，湿地和水生生境的破坏，草地的退化和沙漠化。目前植物的进化速度不可能跟上人类改变地球面貌的步伐。地球上的许多植物由于受到人类活动所产生的巨大环境压力作用，如全球气候变化、酸雨、大气污染等，正在迅速被推向灭绝的深渊。（2）过度利用。随着人口的增加，人类对自然的干预能力不断增强，对生物资源的不合理利用也就越演越烈。如对重要经济、观赏、药用植物的采挖，使稀有生物资源枯竭、生物多样性迅速减少。一些植物物种原本是群落的建群种，分布相当广泛，而且更新能力很强，但由于过度采伐利用，野生植物数量已经很少，而且环境愈来愈不适宜它们的更新，使其陷入了一种十分脆弱、濒危的状态。

6.2 保护规划建议

通过此次调查，对延庆区保护及重点关注植物种类、数量、分布等信息有了准确、系统的认识，为后期的保护工作提供准确、详实的基础资料。为了今后合理、有序地开展延庆区植物保护工作，根据目前保护现状，提出如下建议：

6.2.1 加大宣传力度

（1）保护动物已是大众的普遍认识，但对植物保护的意识较为淡漠，即便是知道，也不了解哪一种是可以挖哪一种是禁止挖的。这就需要相关单位和专业部门公布名录，并对保护物种的生物名称、生态特征、地域分布、保护级别进行详细介绍，“防患于未然”，而不是事后惩罚，于事无补。（2）现在虽然有些网站在公布保护名录，可是资料匮乏，图片缺少，说明有些单位的保护意识还是比较淡漠，没有起到引导作用，要尽快把资料、照片充实、丰富起来，确实负起责任来。（3）在公布名录和详细资料的同时，还需要在主要分布区域进行宣传。采取刷标语、发信息一类的措施，在当地群众中吸收志愿工作者和发展义务宣传员，对缺少信息的当地群众进行广泛宣传和监督，提高保护意识，避免因不了解而触犯法律。

6.2.2 尽快出台有关重点保护野生植物的法律法规

依照《中华人民共和国野生植物保护条例》《北京市实施（中华人民共和国野生植物保护条例）办法》，保护延庆区的国家级和北京市一、二级保护植物。同时要尽快出台延庆区保护野生动植物的办法，对重点关注植物进行保护，而目前的状况是立法不完善，甚至无法可依。如我们在调查过程中发现当地居民大肆采挖知母、黄精和穿山龙等药材，但由于没有正式的法律条文，当地主管部门对此也无能为力。法律法规的不健全与滞后，制约了保护管理与行政执法工作的开展，甚至使管理工作处于被动和无奈的境地。因此，尽快出台本地区的相关保护办法，非常必要，让主管部门有法可依、有章可循，对破坏植物资源、植物生存环境，特别是对破坏重点保护的野生植物的单位或个人能够依法制裁。

6.2.3 加强自然保护区体系建设，完善保护植物分布的自然保护小区建设，提高管理水平

（1）鉴于保护植物大多数集中分布在各个保护区内，要加强对松山、野鸭湖、玉渡山、白河堡、莲花山、大滩等国家级、市级、区级现有自然保护区的管理、建设，加大资金投入，提高业务能力，增强科教宣传力度，并妥善处理保护区与周边居民的关系。（2）各级自然保护区中，一些区域生境破碎化程度较大，加强自然保护区体系的建设显得十分必要，应尽可能将各级保护区连成片，增加种群交流，提高

物种遗传多样性，同时，对分布在自然保护区外的群落设立特别保护措施，建立自然保护小区。

6.2.4 建立珍稀濒危植物资源管理档案

应尽快应建立延庆区完整的珍稀濒危植物资源管理档案。各保护区也应当建立自己的珍稀濒危植物资源管理档案，并在种群分布地设保护点和保护标志，配专人管护。

6.2.5 加强科学研究，进行合理开发

针对野生动植物资源，不能简单的圈地保护就了事，还需要投入人力财力进行科学研究，通过研发来扩展物种数量，采取科学技术进行繁殖繁衍。（1）重点加大对杓兰、丁香叶忍冬等濒危物种的保护力度，同时开展组织培养、人工投粉、群落结构调查等生物学特性攻关研究。通过科学的理论研究和实验探索，努力提高物种数量，扩大种群分布面积，最大程度的保护好濒危物种。（2）进行珍稀濒危乔灌木扩繁和造林工作，缓解野生种生存压力。部分重点保护的乔木和灌木具有优美的形态，且都是延庆区的本地物种，可用于城市园林绿化，乔木种类如流苏、水榆花楸等，灌木种类如丁香叶忍冬、齿叶白鹃梅等。

6.2.6 人工栽培

对部分市场需求大、野生个体数量少的药用保护植物，如穿山龙、黄芩等进行人工栽培、繁殖的试验，力求通过人工手段提高数量，降低对野生资源的破坏，达到开发利用与物种保护双赢的目标。

总之，针对野生植物资源的保护，可以说是任重而道远，只有提高全民保护意识，了解保护濒危物种的重要性和迫切性，加大有关方面人才技术的培养和研发力度，扩大资金和政策倾斜，引导资源所在地的民众广泛参与、有序开发、合理利用，产生经济效益，然后再用收益回馈资源保护，形成一个良性的生态循环，我们的家园会更加美好，我们的环境会更加优美，我们的生态系统会更加完善。

参考文献

贺士元，刑其华，尹祖棠，等.北京植物志（上下册）1992年修订版（M）.北京：科学出版社，1993.

沐先运，张志翔，张钢民，等.北京重点保护野生植物（M）.北京：中国林业出版社，2014.

李凤华，聂永国，邵瑞兰，等.延庆植物图鉴（M）.北京：中国林业出版社，2014.

中国科学院中国植物志编辑委员会.中国植物志（FRPS全文电子版网站）.

附录1 延庆区保护及入侵植物名录

种名	学名	科名	属名
	国家级重点保护野生植物		
野大豆	*Glycine soja* Sieb. et Zucc.	豆科	大豆属
黄檗	*Phellodendron amurense* Rupr.	芸香科	黄檗属
紫椴	*Tilia amurensis* Rupr.	锦葵科	椴属
	北京市一级保护植物		
北京水毛茛	*Batrachium pekinense* L. Liou.	毛茛科	水毛茛属
大花杓兰	*Cypripedium macranthos* Sw.	兰科	杓兰属
杓兰	*Cypripedium calceolus* L.	兰科	杓兰属
紫点杓兰	*Cypripedium guttatum* Sw.	兰科	杓兰属
	北京市二级保护植物		
小叶中国蕨	*Aleuritopteris albofusca* Pic.	凤尾蕨科	粉背蕨属
球子蕨	*Onoclea sensibilis* L.	球子蕨科	球子蕨属
白扦	*Picea meyeri* Rehd. et Wils.	松科	云杉属
青扦	*Picea wilsonii* Mast.	松科	云杉属
华北落叶松	*Larix gmelinii* var. *principis-rupprechtii* (Mayr) Pilger.	松科	落叶松属
杜松	*Juniperus rigida* Sieb. et Zucc.	柏科	刺柏属
木贼麻黄	*Ephedra equisetina* Bunge.	麻黄科	麻黄属
草麻黄	*Ephedra sinica* Stapf.	麻黄科	麻黄属
单子麻黄	*Ephedra monosperma* Gmel. ex Mey.	麻黄科	麻黄属
胡桃楸	*Juglans mandshurica* Maxim.	胡桃科	胡桃属
脱皮榆	*Ulmus lamellosa* Wang et S. L. Chang ex L. K. Fu.	榆科	榆属
华忽布	*Humulus lupulus* var. *cordifolius* (Miq.) Maxim.	桑科	葎草属
草芍药	*Paeonia obovata* Maxim.	芍药科	芍药属
长毛银莲花	*Anemone narcissiflora* subsp. *crinita* (Juzepczuk) Kitagawa.	毛茛科	银莲花属
灌木铁线莲	*Clematis fruticosa* Turcz.	毛茛科	铁线莲属
红毛七（类叶牡丹）	*Caulophyllum robustum* Maxim.	小檗科	红毛七属
五味子	*Schisandra chinensis* (Turcz.) Baill.	五味子科	五味子属
小丛红景天	*Rhodiola dumulosa* (Franch.) S. H. Fu.	景天科	红景天属
狭叶红景天	*Rhodiola kirilowii* (Regel) Maxim.	景天科	红景天属
齿叶白鹃梅	*Exochorda serratifolia* S. Moore.	蔷薇科	白鹃梅属
水榆花楸	*Sorbus alnifolia* (Sieb. et Zucc.) K. Koch.	蔷薇科	花楸属
甘草	*Glycyrrhiza uralensis* Fisch.	豆科	甘草属
青花椒（崖椒）	*Zanthoxylum schinifolium* Sieb. et Zucc.	芸香科	花椒属
白鲜	*Dictamnus dasycarpus* Turcz.	芸香科	白鲜属
漆（漆树）	*Toxicodendron vernicifluum* (Stokes) F. A. Barkl.	漆树科	漆树属
省沽油	*Staphylea bumalda* DC.	省沽油科	省沽油属

（续）

种名	学名	科名	属名
软枣猕猴桃	*Actinidia arguta* (Sieb. et Zucc.) Planch. ex Miq.	猕猴桃科	猕猴桃属
狗枣猕猴桃	*Actinidia kolomikta* (Maxim. et Rupr.) Maxim.	猕猴桃科	猕猴桃属
宽苞水柏枝	*Myricaria bracteata* Royle.	柽柳科	水柏枝属
中华秋海棠	*Begonia grandis* subsp. *sinensis* (A. DC.) Irmsch.	秋海棠科	秋海棠属
辽东楤木	*Aralia elata* (Miq.) Seem.	五加科	楤木属
刺五加	*Eleutherococcus senticosus* (Ruprecht & Maximowicz) Maximowicz.	五加科	五加属
无梗五加	*Eleutherococcus sessiliflorus* (Ruprecht & Maximowicz) S. Y. Hu.	五加科	五加属
日本鹿蹄草	*Pyrola japonica* Klenze ex Alef.	杜鹃花科	鹿蹄草属
松下兰	*Monotropa hypopitys* L.	杜鹃花科	水晶兰属
岩生报春	*Primula saxatilis* Kom.	报春花科	报春花属
二色补血草	*Limonium bicolor* (Bunge) Kuntze.	白花丹科	补血草属
流苏树	*Chionanthus retusus* Lindl. et Paxt.	木犀科	流苏树属
秦艽	*Gentiana macrophylla* Pall.	龙胆科	龙胆属
白首乌	*Cynanchum bungei* Decne.	夹竹桃科	鹅绒藤属
丹参	*Salvia miltiorrhiza* Bunge.	唇形科	鼠尾草属
黄芩	*Scutellaria baicalensis* Georgi.	唇形科	黄芩属
丁香叶忍冬	*Lonicera oblata* Hao ex Hsu et H. J. Wang.	忍冬科	忍冬属
假贝母（土贝母）	*Bolbostemma paniculatum* (Maxim.) Franquet.	葫芦科	假贝母属
桔梗	*Platycodon grandiflorus* (Jacq.) A. DC.	桔梗科	桔梗属
党参	*Codonopsis pilosula* (Franch.) Nannf.	桔梗科	党参属
羊乳	*Codonopsis lanceolata* (Sieb. et Zucc.) Trautv.	桔梗科	党参属
黑三棱	*Sparganium stoloniferum* (Graebn.) Buch.–Ham. ex Juz.	香蒲科	黑三棱属
花蔺	*Butomus umbellatus* L.	花蔺科	花蔺属
菰（茭白）	*Zizania latifolia* (Griseb.) Stapf.	禾本科	菰属
知母	*Anemarrhena asphodeloides* Bunge.	天门冬科	知母属
黄精	*Polygonatum sibiricum* Delar. ex Redoute.	天门冬科	黄精属
少花万寿竹（宝铎草）	*Disporum uniflorum* Baker ex S. Moore.	秋水仙科	万寿竹属
茖葱	*Allium victorialis* L.	石蒜科	葱属
有斑百合	*Lilium concolor* var. *pulchellum* (Fisch.) Regel.	百合科	百合属
山丹	*Lilium pumilum* DC.	百合科	百合属
穿龙薯蓣（穿山龙）	*Dioscorea nipponica* Makino.	薯蓣科	薯蓣属
凹舌掌裂兰（凹舌兰）	*Dactylorhiza viridis* (Linnaeus) R. M. Bateman, Pridgeon & M. W. Chase.	兰科	掌裂兰属
蜻蜓兰	*Platanthera fuscescens* (L.) Kraenzl.	兰科	蜻蜓兰属

（续）

种名	学名	科名	属名
小花蜻蜓兰	*Platanthera ussuriensis* (Regel) Maxim.	兰科	蜻蜓兰属
北方红门兰	*Galearis roborowskyi* (Maxim.) S.C.Chen, P.J.Cribb et S.W.Gale.	兰科	红门兰属
二叶舌唇兰	*Platanthera chlorantha* Cust. ex Rchb.	兰科	舌唇兰属
二叶兜被兰	*Neottianthe cucullata* (L.) Schltr.	兰科	兜被兰属
手参	*Gymnadenia conopsea* (L.) R. Br.	兰科	手参属
绶草	*Spiranthes sinensis* (Pers.) Ames.	兰科	绶草属
角盘兰	*Herminium monorchis* (L.) R. Br.	兰科	角盘兰属
裂瓣角盘兰	*Herminium alaschanicum* Maxim.	兰科	角盘兰属
沼兰	*Malaxis monophyllos* (L.) Sw.	兰科	原沼兰属
羊耳蒜	*Liparis campylostalix* H. G. Reichenbach.	兰科	羊耳蒜属
对叶兰（华北对叶兰）	*Neottia puberula* (Maximowicz) Szlachetko.	兰科	鸟巢兰属
北方鸟巢兰（堪察加鸟巢兰）	*Neottia camtschatea* (L.) Rchb. F.	兰科	鸟巢兰属
尖唇鸟巢兰	*Neottia acuminata* Schltr.	兰科	鸟巢兰属
高山鸟巢兰	*Neottia listeroides* Lindl.	兰科	鸟巢兰属
裂唇虎舌兰	*Epipogium aphyllum* (F. W. Schmidt) Sw.	兰科	虎舌兰属
珊瑚兰	*Corallorhiza trifida* Chat.	兰科	珊瑚兰属
北京无喙兰	*Holopogon pekingensis* X. Y. Mu & Bing Liu.	兰科	无喙兰属
延庆区重点关注植物			
辽吉侧金盏花	*Adonis ramosa* Franchet.	毛茛科	侧金盏花属
金莲花	*Trollius chinensis* Bunge.	毛茛科	金莲花属
毛叶山樱花	*Cerasus serrulata* var. *pubescens* (Makino) Y ü et Li.	蔷薇科	樱属
卷丹	*Lilium tigrinum* Ker Gawler.	百合科	百合属
平贝母	*Fritillaria ussuriensis* Maxim.	百合科	贝母属
柳穿鱼	*Linaria vulgaris* subsp. *chinensis* (Debeaux) D.Y.Hong.	车前科	柳穿鱼属
睡菜	*Menyanthes trifoliata* L.	睡菜科	睡菜属
华扁穗草	*Blysmus sinocompressus* Tang et Wang.	莎草科	扁穗草属
东北甜茅	*Glyceria triflora* (Korsh.) Kom.	禾本科	甜茅属
泡囊草	*Physochlaina physaloides* (L.) G. Don.	茄科	脬囊草属
狼毒	*Stellera chamaejasme* L.	瑞香科	狼毒属
款冬	*Tussilago farfara* L.	菊科	款冬属
麻核桃	*Juglans hopeiensis* Hu.	胡桃科	胡桃属
延庆区入侵植物			
少花蒺藜草	*Cenchrus longispinus* (Hackel) Fernald.	禾本科	长刺蒺藜草属
刺果瓜	*Sicyos angulatus* L.	葫芦科	刺果瓜属
意大利苍耳	*Xanthium italicum* Moretti.	菊科	苍耳属
黄花刺茄	*Solanum rostratum* Dunal.	茄科	茄属

附录2 中华人民共和国野生植物保护条例

（2017 修正本）

（1996 年 9 月 30 日中华人民共和国国务院令第 204 号发布　根据 2017 年 10 月 7 日中华人民共和国国务院令第 687 号公布，自公布之日起施行的《国务院关于修改部分行政法规的决定》修正）

第一章　总则

第一条　为了保护、发展和合理利用野生植物资源，保护生物多样性，维护生态平衡，制定本条例。

第二条　在中华人民共和国境内从事野生植物的保护、发展和利用活动，必须遵守本条例。

本条例所保护的野生植物，是指原生地天然生长的珍贵植物和原生地天然生长并具有重要经济、科学研究、文化价值的濒危、稀有植物。

药用野生植物和城市园林、自然保护区、风景名胜区内的野生植物的保护，同时适用有关法律、行政法规。

第三条　国家对野生植物资源实行加强保护、积极发展、合理利用的方针。

第四条　国家保护依法开发利用和经营管理野生植物资源的单位和个人的合法权益。

第五条　国家鼓励和支持野生植物科学研究、野生植物的就地保护和迁地保护。

在野生植物资源保护、科学研究、培育利用和宣传教育方面成绩显著的单位和个人，由人民政府给予奖励。

第六条　县级以上各级人民政府有关主管部门应当开展保护野生植物的宣传教育，普及野生植物知识，提高公民保护野生植物的意识。

第七条　任何单位和个人都有保护野生植物资源的义务，对侵占或者破坏野生植物及其生长环境的行为有权检举和控告。

第八条　国务院林业行政主管部门主管全国林区内野生植物和林区外珍贵野生树木的监督管理工作。国务院农业行政主管部门主管全国其他野生植物的监督管理工作。

国务院建设行政部门负责城市园林、风景名胜区内野生植物的监督管理工作。国务院环境保护部门负责对全国野生植物环境保护工作的协调和监督。国务院其他有关部门依照职责分工负责有关的野生植物保护工作。

县级以上地方人民政府负责野生植物管理工作的部门及其职责，由省、自治区、直辖市人民政府根据当地具体情况规定。

第二章　野生植物保护

第九条　国家保护野生植物及其生长环境。禁止任何单位和个人非法采集野生植物或者破坏其生长环境。

第十条　野生植物分为国家重点保护野生植物和地方重点保护野生植物。

国家重点保护野生植物分为国家一级保护野生植物和国家二级保护野生植物。国家重点保护野生植物名录，由国务院林业行政主管部门、农业行政主管部门（以下简称国务院野生植物行政主管部门）商国务院环境保护、建设等有关部门制定，报国务院批准公布。

地方重点保护野生植物，是指国家重点保护野生植物以外，由省、自治区、直辖市保护的野生植物。地方重点保护野生植物名录，由省、自治区、直辖市人民政府制定并公布，报国务院备案。

第十一条　在国家重点保护野生植物物种和地方重点保护野生植物物种的天然集中分布区域，应当依照有关法律、行政法规的规定，建立自然保护区；在其他区域，县级以上地方人民政府野生植物行政主管部门和其他有关部门可以根据实际情况建立国家重点保护野生植物和地方重点保护野生植物的保护点或者设立保护标志。

禁止破坏国家重点保护野生植物和地方重点保护野生植物的保护点的保护设施和保护标志。

第十二条　野生植物行政主管部门及其他有关部门应当监视、监测环境对国家重点保护野生植物生长和地方重点保护野生植物生长的影响，并采取措施，维护和改善国家重点保护野生植物和地方重点保护野生植物的生长条件。由于环境影响对国家重点保护野生植物和地方重点保护野生植物的生长造成危害时，野生植物行政主管部门应当会同其他有关部门调查并依法处理。

第十三条　建设项目对国家重点保护野生植物和地方重点保护野生植物的生长环境产生不利影响的，建设单位提交的环境影响报告书中必须对此作出评价；环境保护部门在审批环境影响报告书时，应当征求野生植物行政主管部门的意见。

第十四条　野生植物行政主管部门和有关单位对生长受到威胁的国家重点保护野生植物和地方重点保护野生植物应当采取拯救措施，保护或者恢复其生长环境，必要时应当建立繁育基地、种质资源库或者采取迁地保护措施。

第三章　野生植物管理

第十五条　野生植物行政主管部门应当定期组织国家重点保护野生植物和地方重点保护野生植物资源调查，建立资源档案。

第十六条　禁止采集国家一级保护野生植物。因科学研究、人工培育、文化交流等特殊需要，采集国家一级保护野生植物的，应当按照管理权限向国务院林业行政主管部门或者其授权的机构申请采集证；或者向采集地的省、自治区、直辖市人民政府农业行政主管部门或者其授权的机构申请采集证。

采集国家二级保护野生植物的，必须经采集地的县级人民政府野生植物行政主管部门签署意见后，向省、自治区、直辖市人民政府野生植物行政主管部门或者其授权的机构申请采集证。

采集城市园林或者风景名胜区内的国家一级或者二级保护野生植物的，须先征得城市园林或者风景名胜区管理机构同意，分别依照前两款的规定申请采集证。

采集珍贵野生树木或者林区内、草原上的野生植物的，依照森林法、草原法的规定办理。

野生植物行政主管部门发放采集证后，应当抄送环境保护部门备案。

采集证的格式由国务院野生植物行政主管部门制定。

第十七条　采集国家重点保护野生植物的单位和个人，必须按照采集证规定的种类、数量、地点、期限和方法进行采集。

县级人民政府野生植物行政主管部门对在本行政区域内采集国家重点保护野生植物的活动，应当进行监督检查，并及时报告批准采集的野生植物行政主管部门或者其授权的机构。

第十八条　禁止出售、收购国家一级保护野生植物。

出售、收购国家二级保护野生植物的，必须经省、自治区、直辖市人民政府野生植物行政主管部门或者其授权的机构批准。

第十九条　野生植物行政主管部门应当对经营利用国家二级保护野生植物的活动进行监督检查。

第二十条　出口国家重点保护野生植物或者进出口中国参加的国际公约所限制进出口的野生植物的，应当按照管理权限经国务院林业行政主管部门批准，或者经进出口者所在地的省、自治区、直辖市人民政府农业行政主管部门审核后报国务院农业行政主管部门批准，并取得国家濒危物种进出口管理机构核发的允许进出口证明书或者标签。海关凭允许进出口证明书或者标签查验放行。国务院野生植物行政主管部门应当将有关野生植物进出口的资料抄送国务院环境保护部门。

禁止出口未定名的或者新发现并有重要价值的野生植物。

第二十一条 外国人不得在中国境内采集或者收购国家重点保护野生植物。

外国人在中国境内对农业行政主管部门管理的国家重点保护野生植物进行野外考察的，应当经农业行政主管部门管理的国家重点保护野生植物所在地的省、自治区、直辖市人民政府农业行政主管部门批准。

第二十二条 地方重点保护野生植物的管理办法，由省、自治区、直辖市人民政府制定。

第四章 法律责任

第二十三条 未取得采集证或者未按照采集证的规定采集国家重点保护野生植物的，由野生植物行政主管部门没收所采集的野生植物和违法所得，可以并处违法所得10倍以下的罚款；有采集证的，并可以吊销采集证。

第二十四条 违反本条例规定，出售、收购国家重点保护野生植物的，由工商行政管理部门或者野生植物行政主管部门按照职责分工没收野生植物和违法所得，可以并处违法所得10倍以下的罚款。

第二十五条 非法进出口野生植物的，由海关依照海关法的规定处罚。

第二十六条 伪造、倒卖、转让采集证、允许进出口证明书或者有关批准文件、标签的，由野生植物行政主管部门或者工商行政管理部门按照职责分工收缴，没收违法所得，可以并处5万元以下的罚款。

第二十七条 外国人在中国境内采集、收购国家重点保护野生植物，或者未经批准对农业行政主管部门管理的国家重点保护野生植物进行野外考察的，由野生植物行政主管部门没收所采集、收购的野生植物和考察资料，可以并处5万元以下的罚款。

第二十八条 违反本条例规定，构成犯罪的，依法追究刑事责任。

第二十九条 野生植物行政主管部门的工作人员滥用职权、玩忽职守、徇私舞弊，构成犯罪的，依法追究刑事责任；尚不构成犯罪的，依法给予行政处分。

第三十条 依照本条例规定没收的实物，由作出没收决定的机关按照国家有关规定处理。

第五章　附则

第三十一条　中华人民共和国缔结或者参加的与保护野生植物有关的国际条约与本条例有不同规定的，适用国际条约的规定；但是，中华人民共和国声明保留的条款除外。

第三十二条　本条例自 1997 年 1 月 1 日起施行。

中文名索引

学名索引